KB105985

자기만족과 소비지상주의가 지배할 때 어떤 일이 닥칠지를 엄숙하게 경고한 사람이 저자가 처음은 아니다. 그렇지만 이 선언문은 감히 따라 할 수 없는 문체로 현안을 명쾌하고도 논리정연하게 설명한다는 점에서 다른 모든 이들의 것보다 훨씬 돋보인다. 이 책은 세계의 가장 저명한 과학자 중 한 명이 터뜨리는 행동을 촉구하는 열정적인 외침이다. 지구의 미래를 걱정하는 사람이라면 반드시 읽어야 한다.

— 〈커커스〉

이 책은 임박한 기술 발전을 예고하면서 인류가 과학을 활용해 상처 입은 행성을 치유하고 삶을 개선할 능력을 지니고 있다는 희망의 메시지를 전한다. 인류의 미래에 대한 열정적인 기술낙관주의자의 관점이 다방면으로 펼쳐진다.

— 〈퍼블리셔스 위클리〉

우리는 유토피아로 향하는가, 디스토피아로 가고 있는가? 마틴 리스는 우리 자신에게 달려 있다고 믿는다. 다만, 우리가 결코 하지 말아야 할 것이 하나 있다. 바로 기술에 제동을 거는 일이다. 현명하게 적용한다면 과학은 인류에게 밝은 미래를 안겨줄 것이며, 우리는 지금 당장 행동을 취해야 한다. 그는 이 선견지명이 담긴 책에서 많은 두려움을 피력하면서도, 신중하고 확실하게 낙관론을 펼치고 있다.

— 짐 알칼릴리, 《물리학 패러독스》 저자

지구에서 살아가는 모든 사람, 그리고 만일 존재한다면 지구 바깥의 외계인들까지도 읽어야 하는 유쾌한 지적 교양서다. 현존하는 가장 뛰어난 천문학자인 마틴 리스는 지혜와 독창성을 발휘하여 인류의 미래와 과학의 발전, 그리고 그것이 가져올 위험이라는 가장 중요한 주제들을 논의한다. 재미있는 여러 일화 속에서 그의 독특하면서도 심오한 통찰이 빛을 발하기에 손에서 뗄 수가 없는 책이다.

**– 에이브러햄 뢰브, 하버드대학교 천문학 교수**

널리 읽히고 행동의 토대로 삼아야 할 대단히 중요한 책이다. 마틴 리스는 심오한 과학적 통찰과 인류의 복지에 관한 연민 어린 관점을 결합하여, 현재 인류 문명이 직면한 주된 현안들을 명쾌하고 우아한 문체로 풀어낸다. 그의 논지에 전적으로 동의하든 아니든 간에, 매우 진지하게 받아들여야 한다는 점만은 분명하다.

**– 로저 펜로즈, 《유행, 신조 그리고 공상》 저자**

사회의 난제들을 과학과 기술의 눈부신 발전을 통해 해결할 수 있다고 말하는 이 책은 21세기를 살아가는 모든 이들에게 이상적인 독서 여행 코스다.

**– 마르시아 K. 맥너트, 미국 국립과학원 원장**

우리 인류가 스스로 능력을 발휘하여 살아남을 방법을 제시해줄 가장 명석한 사람은 누구인가? 마틴 리스가 바로 그다. 이 책에는 그가 깊은 통찰 끝에 도출한 답들이 담겨 있다.

**– 앨런 알다, 영화감독이자 배우**

요기 베라는 말했다. "예측은 하기가 어렵다. 미래 예측은 더욱 그렇다." 그러나 술술 읽히면서도 생각을 자극하는 이 책은 예외다. 마틴 리스는 우리와 우리 행성이 직면한 도전 과제들을 보여주면서 시민들이 선택을 할 때 왜 과학자가 필요한지를 설명한다.

— 셜리 M. 맬컴, 미국과학진흥협회 교육 및 인재 사업단장

마틴 리스는 인류가 어떤 파국의 위험에 직면해 있는지를 명쾌하면서 간결한 문체로 보여준다. 핵, 생명공학, 정보, 기후 방면에서 그렇다. 그는 현대 과학이 이런 위험들을 일으켰지만, 헤치고 나아갈 유일한 길도 제공한다고 말한다. 진정으로 우리를 일깨우는 책이다.

— 제리 브라운, 캘리포니아주 주지사

미래에 우리 앞에 놓일 선택지들과 그 선택의 의미를 생각해보려는 사람이라면, 이 책을 읽길 권한다. 리스는 명쾌한 사상가이자 우아한 필력을 자랑하는 작가다. 그는 지금 우리가 하고 있는 인류만을 위한 행동들을 피할 수 있다면 미래가 나아질 수 있다는 고무적인 낙관론을 피력한다. 인간에 대한 깊은 애정이 담긴 리스의 전망은 현재의 과학 지식과 과학자의 확률 감각에 토대를 두고 있다.

— 러시 D. 홀트, 미국과학진흥협회 CEO이자 전직 뉴저지주 하원의원

명석하기 그지없는 마틴 리스는 이 걸작에서 인류를 위험에 빠뜨
릴 우리 시대의 주요 문제들을 다루면서 전망을 제시한다. 기후
변화에서 인공지능의 미래, 생물 테러 위협, 우주 탐사의 가능성
에 이르기까지 다양한 분야를 다루고 있다. 리스는 이런 주제들을
가장 깊이 있고 가장 명쾌하게 다룰 수 있는 흔치 않은 사상가 중
한 명이다. 이 책에는 통찰과 유머가 보석처럼 반짝인다.

**- J. 리처드 고트, 《우주》의 공동 저자**

이 얇은 걸작에서 리스는 희망을 놓치지 않는 기술낙관론자와 디
스토피아를 이야기하는 비관론자의 중간 입장에서 오늘날의 엄청
난 과학적 성취가 제시하는 고무적인 약속과 섬뜩한 가능성을 살
펴본다. 가공할 통찰력으로 과학의 방대한 영역을 훑으면서, 우리
모두에게 미래 세대의 안녕을 보장할 장기 정책을 세우는 데 참여
하기를 간청한다. 인류와 지구의 미래는 우리 손에 달려 있다.

**- 레이철 브론슨, 〈원자과학자 회보〉 회장 겸 CEO**

독자를 사로잡는 책이다. 마틴 리스는 미래학에 해박한 사상가들
중에서도 최고로 꼽힌다.

**- 페드루 G. 페레이라, 《완벽한 이론》 저자**

세계 최고의 과학자이자 선각자 중 한 명이 쓴, 영감과 사고를 자
극하는 이 책은 인류의 미래를 고민하는 사람이라면 꼭 읽어야 할
필독서다.

**- 맥스 테그마크, 《라이프 3.0》 저자**

우리 행성은 위험에 처해 있다. 인류에게는 지구를 구할 엄청난 지혜가 필요하다. 다행히도 마틴 리스가 그 지혜를 제공한다. 지구의 미래를 걱정하는 사람이라면 반드시 읽어야 한다.

- 키쇼어 마부바니, 《서양은 그것을 잃어버렸는가?(Has the West Lost It?)》

마틴 리스의 책은 미래를 항해하는 데 도움을 주는 필수적인 나침반이자 지식과 합리성을 향한 감동적인 러브레터다. 또한 최고의 것을 희망하는 이들에게 실천에 나서라는 요청이기도 하다.

- 데이비드 퍼트넘, 영화 제작자이자 교육자

마틴 리스의 이 책은 우리 종을 황폐화할 수 있는 인위적인 재앙들을 피할 실용적인 과학적, 사회적, 정치적 해결책을 제시한다. 인류에게 희망의 깃발이다.

- 마이클 윌슨, 영화 제작자

# ON THE FUTURE

온 더 퓨처

마틴 리스 지음 | 이한음 옮김

더퀘스트

| 차례 |

이 책은 미래를 다룬다. 나는 개인적인 관점에서, 그리고 과학자이자 시민이자 인류 종의 걱정 많은 일원이라는 세 가지 관점에서 썼다. 이 책을 관통하는 주제는 점점 늘어나는 세계 인구가 번영하느냐 쇠퇴하느냐가 과학과 기술이 제공하는 지혜에 달려 있다는 것이다.

지금의 젊은 사람들은 금세기 말까지 살아 있을 것으로 예상할 수 있다. 그런데 그들은 점점 더 강력해지는 생명공학·정보·인공지능AI 등의 기술이 파국을 초래할 위험 없이 바람직한 미래를 펼칠 수 있다고 확신할 수 있을까? 지금은 과거 어느 때보다 많은 것이 인류의 손에 좌우된다. 금세기에 일어나는 일은 앞으로 수천 년 동안 영향을 미칠 것이다. 나는 그런 방대한 주제를 다루겠다고 나섰지만, 전문가들조차도 예측 능력이 형편없었다는 점을 새삼 염두에 두어야 했다. 그러나 나는 후회하지 않으련다. 장기적인 과학적·세계적 추세에 관한 담론이 대중적으로 또 정치적으로 일어나야 하며, 그 일을 장려하는 일 자체가 대단히 중요하기 때문이다.

이 책의 주제들은 2010년 BBC 리스 강연을 비롯하여 다양한 청중을 대상으로 강연하면서 발전되고 다듬어진 것들이다. 나의 강연 내용과 주장에 대해 다양한 의견을 제시해준 청중과 독자들께 감사드린다. 또 각 분야의 전문 지식을 갖춘 친구들과 동료들이 직간접적으로 조언해준 데 대해서도 깊이 감사한다. 파르타 다스굽타, 스투 펠드먼, 이언 골든, 데미스 허사비스, 휴 헌트, 찰리 케널, 데이비드 킹, 숀 에이거티, 캐서린 로즈, 리처드 로버츠, 에릭 슈밋, 율리우스 바이츠도르퍼 같은 분들이다.

이 책을 쓰라고 열정적으로 설득하고, 쓰는 동안 조언을 아끼지 않은 프린스턴대학교의 잉그리드 네를리히에게 특별히 고맙다는 말을 전한다. 원고를 정리한 다운 홀과 줄리 쇼번,

본문 디자인을 맡은 크리스 페런트, 출판 작업이 효율적으로 진행될 수 있도록 애쓴 질 해리스, 세라 헤닝스타우트, 앨리슨 케일렛, 데브라 리스, 도나 리스, 아서 워넥, 킴벌리 윌리엄스에게도 감사드린다.

## 서문

# 우주의 카메오

만약 외계인이 존재하고 그중 일부가 45억 년 동안 지구를 죽 지켜봐 왔다면, 그들은 과연 무엇을 봤을까? 그 기나긴 세월 대부분에 걸쳐 지구의 모습은 아주 천천히 변해왔다. 대륙들은 이동했고, 빙하 면적은 늘어나다 줄어들다 했고, 종들은 잇달아 출현하여 진화하다가 사라졌다.

그러다가 지구 역사의 얇은 한 조각, 즉 마지막 1만 년 사이에 식생의 양상이 급격히 변했다. 바로 농경의 등장에 따른 것인데, 이는 도시화의 시작을 알리는 신호였다. 이 변화로 인류라는 집단이 급속히 커지기 시작했다.

이어서 변화가 더욱 가속화됐다. 대기의 이산화탄소$^{CO_2}$

농도는 지난 50년 사이에 이전과 비교할 수 없는 속도로 증가했다. 유례없는 일들도 연달아 일어났다. 지표면에서 날아오른 로켓이 생물권을 완전히 벗어나 그중 일부는 지구 궤도를 돌았고, 일부는 달과 그 밖의 행성들로 날아갔다.

앞서 가정한 외계인들은 지구가 서서히 가열될 것이고, 약 60억 년 뒤에 태양이 확 타올랐다가 죽을 때 함께 죽으리라는 걸 알고 있었을 것이다. 하지만 지구가 수명의 절반을 산 지금 고삐 풀린 양 가속되고 있는 이 갑작스러운 '열기'를 예측할 수 있었을까? 인류라는 종이 이토록 엄청난 변화를 일으키리라는 사실을 말이다.

계속 지켜본다면, 그들은 다음 세기에 무엇을 목격할까? 예상치 못한 발작이 일어난 뒤 침묵만이 흐르는 것을 보게 될까? 아니면 지구의 생태계가 안정되는 것을 보게 될까? 그도 아니면, 새로운 생명의 오아시스를 퍼뜨릴 로켓들이 지구에서 우주를 향해 날아오르는 광경을 보게 될까?

이 책에는 우리 앞에 놓여 있는 것들에 관한 희망, 두려움, 추측이 담겨 있다. 인류가 금세기에 살아남고 점점 더 취약해져 가는 세계의 장기적인 미래를 보장하려면, 어떤 기술은 발전을 촉진해야 하고 어떤 기술은 발전을 억제해야 한다. 실로 엄청나고도 벅찬 도전 과제다. 나는 과학자(천문학자)이자 걱정 많은 인류의 일원으로서 이 글을 쓰고 있다.

✳ ✳ ✳

중세 유럽인들은 천지 창조에서 종말에 이르는 우주론을 이야기했지만, 그것은 겨우 수천 년에 걸친 기간을 의미했다. 이 책에서 나는 그보다 100만 배 더 긴 기간을 상정한다. 그러나 이 엄청나게 늘어난 관점에서 보더라도, 금세기는 특별한 의미를 갖는다. 인류라는 종이 처음으로 지구의 미래를 좌우할 만큼 강력하고 지배적인 위치에 오른 시기이기 때문이다. 더욱이 우리는 일부 지질학자가 인류세$^{anthropocene}$(인류가 지구 환경에 큰 영향을 미치게 된 시점을 가리키며 현재는 비공식적 시대 개념이다. 학자에 따라 농업혁명기, 산업혁명기나 제2차 세계대전 직후를 시작 시점으로 보는데 대기 중 이산화탄소 양, 방사능 물질, 플라스틱, 콘크리트 등이 인류세를 대표하는 물질이다-옮긴이)라고 부르는 시대에 들어섰다.

고대인들은 홍수나 유행병에 무력했으며, 어떻게 해야 할지 몰라 과도한 두려움에 빠지곤 했다. 지구에는 미지의 세계가 널려 있었다. 고대인에게 우주는 별들이 붙박여 있는 '천구'에 태양과 행성들이 둘러싸여 있는 게 전부였다.

오늘날 우리는 태양이 우리 은하에 있는 1,000억 개의 별 중 하나이며, 우리 은하 자체는 우주에서 적어도 1,000억 개에 달하는 은하 중 하나라는 것을 안다. 그러나 우리 개념의 지평이 이토록 엄청나게 늘어났음에도, 그리고 자연 세계를 훨씬 더 이해하고 통제할 수 있게 됐음에도 합리적으로 계획하거나 자신 있게 예측할 수 있는 시간의 규모는 오히려 더 짧아졌다.

유럽의 중세 시대는 혼란스럽고 불확실한 시대였다. 그러나 그 시대는 세대가 바뀌어도 거의 변함이 없는 일종의 고정된 '배경' 앞에서 펼쳐졌다. 예컨대 중세의 석공들은 완성되는 데 한 세기가 걸릴 대성당에 충실하게 벽돌을 쌓지 않았는가. 하지만 우리의 다음 세기는 지금과 전혀 다를 것이다. 현재는 점점 더 짧아지고 있는 사회적 · 기술적 변화의 시간 규모와 생물학 · 지질학 · 우주론의 수십억 년에 걸친 시간 규모 사이에 폭발적인 파열이 일고 있다.

지금 인류는 수가 너무나 많고 무거운 발자국을 집단적으로 찍어대기에 생물권 전체를 변형할, 아니 심지어 황폐화할 힘을 지니고 있다. 점점 늘어나면서 더욱 많은 것을 요구하는 세계 인구가 자연환경을 옥죈다. 인류의 그런 행동이 전환점을 넘어선다면, 위험한 기후 변화와 대량 멸종이 촉발될 수도 있다. 그러면 미래 세대는 고갈되고 빈곤해진 세계를 물려받게 될 것이다. 그러나 이 위험을 줄이겠다고 기술 발전에 제동을 걸 필요는 없다. 오히려 우리는 자연을 위해 더 적절한 기술을 활용하는 방법을 고민해야 한다. 1장에서는 바로 그 주제를 다룰 것이다.

　　오늘날 세계의 대부분 사람들은 부모 세대보다 더 나은 삶을 산다. 그리고 절대빈곤absolute poverty(인간다운 삶을 영위하기 어려운 상태로, 우리나라에서는 최저 생계비를 기준으로 한다-옮긴이)에 시달리는 이들의 비율도 점점 더 줄고 있다. 인구가 급증했다는 배경에 비춰 볼 때, 이런 개선은 과학과 기술의 발전 없이는 일어날 수가 없었다. 즉 과학과 기술이야말로 이 세계에서 건설적인 힘이 되어왔다. 2장에서는 우리의 삶, 건강, 환경이 생명공학, 정보기술, 로봇공학, 인공지능 분야의 발전으로 더 많은 혜택을 볼 수 있다는 점을 살펴본다. 그 정도로 나는 기술낙관론자techno-optimist다. 그러나 물론 피해를 볼 가능성도 있다. 이런 발전은 서로 간에 더욱더 연결되어가는 우리 세계를 새로운 취약점들에 노출시킬 것이기 때문이다. 기술의 발전과 함께 앞으로 10~20년 안에 업무 양상, 국가 경제, 국제 관계에 교란이 올 것이다. 우리 모두가 상호 연결되고 있는 시대, 불우한 이들이 자신의 곤경을 자각하는 시대, 이주가 쉬운 시대에 복지 수준이나 삶의 기회 등에 깊은 격차가 지속된다면 평화로운 세계가 오리라고 낙관하기 어렵다. 인류의 삶을 개선할 수 있는 유전학과 의학의 발전 성과를 소수의 특권층만 누릴 수 있다면, 이는 더 근본적인 형태의 불평등을 예고한다는 의미이기에 더욱 심란해진다.

물질적 발전만이 아니라 도덕적 감수성도 향상되리라는 점을 피력하면서 미래에 대한 장밋빛 전망을 열정적으로 설파하는 이들도 있다. 나는 동의하지 않는다. 기술 덕분에 대다수 사람의 삶과 삶의 기회, 즉 교육, 건강, 수명 측면에서 바람직한 개선이 이뤄져 온 것은 사실이다. 그러나 세계가 돌아가는 방식과 세계가 돌아갈 수 있는 방식 사이의 격차는 전보다 더욱 커졌다. 중세 사람들의 삶은 비참했을지 모르지만, 그 삶을 개선하기 위해 할 수 있는 일이 거의 없었다. 대조적으로, 오늘날 세계에서 빈곤층 10억 명의 비참한 삶은 지구에서 가장 부자인 1,000명의 부를 재분배하는 것만으로도 바꿀 수 있다. 구제할 힘을 지닌 국가들이 이 인도주의적 책무를 다하지 않는다면, 도덕적 발전이 제도적으로 이뤄진다는 어떤 주장에도 의구심을 가질 수밖에 없다.

생명공학과 사이버 세계가 가진 가능성은 우리를 들뜨게 한다. 그러나 한편으로는 두려움도 불러일으킨다. 우리는 혁신을 가속함으로써 개인적으로나 집단적으로나 이미 엄청난 힘을 갖췄기에, 의도했거나 의도하지 않은 결과를 통해서 수 세기 동안 여파를 미칠 지구적인 변화를 일으킬 수 있다. 스마트폰, 웹, 그에 딸린 기기들은 이미 망에 연결된 우리 삶의 대단히 중요한 부분을 차지하고 있다. 그러나 이런 기술들은 20년 전만 해도 마법처럼 보였다. 그러니 수십 년 뒤를 내다볼 때 우리는 오늘날 과학소설에나 나올 법하게 보이는 엄청난 발전이 이뤄질 것이라는 데 마음을 활짝, 아니 적어도 얼마쯤은 열고 있어야 한다.

우리는 겨우 수십 년 뒤의 생활방식, 사고방식, 사회구조, 인구 크기조차 자신 있게 예측할 수 없다. 이런 추세들이 펼쳐질 지정학적 맥락은 더더욱 그렇다. 게다가 앞으로 수십 년 안에 출현할 유례없는 유형의 변화도 염두에 두어야 한다. 인간자체, 즉 인간의 정신과 육체도 유전자 변형과 사이보그 기술을 적용함으로써 더욱 유연해질 수 있다. 아예 논의의 판 자체가 바뀐다. 오래된 문학이나 유물에 감탄할 때, 우리는 수천 년의 시간을 가로질러서 그 고대의 예술가와 그들이 살던 문명에 친밀감을 느낀다. 그러나 우리는 몇 세기 뒤에 주류가 될 지성체가 우리와 감정적으로 공감할지 우리를 생판 다른 생명체로 여길지 전혀 확신할 수 없다. 설령 그들이 우리가 어떻게 행동했는지를 알고리듬으로 이해하는 존재라고 해도 그럴 것이다.

21세기는 또 다른 이유로도 특별하다. 인류가 처음으로 지구 너머에 서식지를 개발할지도 모르기 때문이다. 외계를 개척하는 '정착자settler'들은 적대적인 환경에 적응해야 할 것이다. 그리고 그들은 지구에서 통제가 가능한 범위 너머로까지 갈 것이다. 이 모험가들은 유기물organic 지능에서 전자electronic 지능으로 넘어가는 선봉이 될 수 있다. 행성의 표면이나 대기도 필요로 하지 않는 이 새로운 '생명'의 화신은 우리 태양계 너머 멀리 퍼질 수 있다. 거의 불사불멸인 전자적 존재에게는 성간 여행이 그리 벅차지 않다. 생명이 지구에만 있다면 이 이주는 우주적인 의미를 지닌 사건이 될 것이다. 반면 지성체가 이미 우주 전체에 퍼져 있다면, 우리의 후손은 그들과 뒤섞일 것이다. 그 일은 천문학적인 시간 규모에서 펼쳐질 것이다. 고작 몇 세기를 말하는 것이 아니다. 3장에서는 이와 같은 더 장기적인 시나리오를 제시한다. 로봇이 유기물 지능을 초월할지, 그리고 그런 지능이 우주의 어딘가에 이미 존재할지 하는 이야기도 다룰 것이다.

이곳 지구와 더 멀리 떨어진 곳에서 우리 후손에게 어떤 일이 일어날지는 지금의 우리로서는 거의 상상도 할 수 없는 어떤 기술에 달려 있을 것이다. 앞으로 몇 세기 안에(그래도 우주적 관점에서는 순간에 불과한) 우리의 창의적 지능은 지구 기반에서 우주를 여행하는 종으로의 전환, 그리고 생물학적 지능에서 전자적 지능으로의 전이를 시작할 수 있을 것이다. 이 전이로 수십억 년에 걸칠 인류 이후, 즉 포스트휴먼posthuman의 진화가 시작될 수 있을 것이다. 그런 한편으로, 앞서 논의했듯이 인류는 생명·정보·환경 분야에서 그런 모든 가능성을 없앨 재앙을 촉발할 수도 있다.

4장에서는 물리적 현실의 범위에 관한 의문을 불러일으키는 몇 가지 과학적 주제들을 다루면서, 우리가 현실 세계의 복잡성을 이해하는 데 본질적인 한계가 있는지를 살펴본다. 근본적이고 철학적인 문제이지만, 순전히 나의 개인적 관점에서 주제를 골랐다는 점을 밝힌다. 우리는 과학이 인류의 장기 번영에 미칠 영향을 예측하려면 무엇이 믿을 만하고, 무엇은 과학소설로 치부해야 하는지를 평가할 수 있어야 한다.

5장에서는 '지금 여기'와 더 관련이 깊은 현안들을 다룬다. 과학은 최적의 형태로 적용될 때, 2050년에 지구에 살 90~100억 명에게 밝은 미래를 제공할 수 있을 것이다. 그러나 어떻게 해야 디스토피아적 피해를 예방하면서 바람직한 미래를 이룰 기회를 최대화할 수 있을까? 우리 문명은 과학의 발전과 그 결과로 심화되는 자연에 대한 이해, 그리고 거기에서 비롯되는 혁신을 통해 변모한다. 과학자들은 대중과 더 폭넓게 소통하고 자신의 전문성을 유익하게 활용해야 할 것이다. 걸려 있는 것이 많을 때, 그러니까 판돈이 엄청나게 클 때는 더더욱 그럴 것이다. 마지막으로는 오늘날의 세계적인 도전 과제를 다룬다. 이런 현안들을 해결하려면 과학이 올바른 방향으로 나아가야 하고 사람들이 이를 잘 이해해야 할 것이다. 또한 정치적·윤리적 측면에서 여론에 잘 감응하는 새로운 국제기구들이 필요할 것이다.

우리가 사는 지구, 우주의 이 '창백한 푸른 점pale blue dot'은 특별한 곳이다. 전 우주를 통틀어 유일한 곳일 수도 있다. 그리고 우리는 지구에 특히 중요한 시대의 청지기다. 이는 우리 모두에게 중요한 메시지이며, 이 책의 주제이기도 하다.

# ON THE FUTURE

온 더 퓨처

## 인류세 시대의 위협

# 위험과 번영

몇 년 전, 인도의 한 저명인사를 만난 적이 있다. 내 직함이 왕실 천문학자라고 하자 그가 물었다.

"여왕의 별점을 쳐주나요?"

나는 진지한 표정으로 대답했다.

"원한다면, 아마 내게 물으실 겁니다."

그는 내 예언이 몹시 듣고 싶은 모양이었다. 나는 그에게 주가가 오르내릴 것이고, 중동에 새로 긴장이 조성될 것이고 하는 등등의 이야기를 했다. 그는 이런 '깨달음'에 열심히 귀를 기울였다. 이윽고 나는 솔직히 밝혔다. 점성술사가 아니라 그냥 천문학자일 뿐이라고 말이다. 그러자 그는 갑자기 내 예측에 흥미를 싹 잃었다. 나는 그게 당연하다고 본다. 과학자는 예언 능력이 꽝이니까. 거의 경제학자에 못지않다. 1950년대에 한 왕실 천문학자는 우주여행이 "한마디로 헛소리"라고 했다.

정치인과 법조인도 다를 바 없다. 버컨헤드 백작이자 처칠의 친구이면서 1920년대 영국 대법관이었던 F. E. 스미스**F. E. Smith**는 좀 놀라운 미래학자였다. 1930년대에 그는《2030년의 세계**The World in 2030**》라는 책을 썼다.[1] 그는 당대 미래학자들의 글을 읽고 시험관에서 배양되는 아기, 하늘을 나는 자동차 같은 환상적인 일들을 상상했다. 하지만 현실에서는 정반대로, 사회가 정체될 것이라고 내다봤다. "2030년에 여성들은 스스로는 결코 높은 지위에 오를 수 없겠지만, 재치와 매력을 이용하여 가장 유능한 남성들을 그 자리에 오르도록 도울 것이다." 이런 판국이니 더 말할 필요가 있으랴.

＊ ＊ ＊

2003년에 나는《우리의 마지막 세기?**Our Final Century?**》라는 제목으로 책을 썼다. 영국 출판사는 그 제목에서 물음표를 떼고 출간했다. 미국 출판사는 《우리의 마지막 시간Our Final Hour》이라고 제목을 바꾸었다(국내 번역서 제목은 《인간생존확률 50:50》이다-옮긴이).[2] 그 책에서 이런 이야기를 했다. 우리 지구의 나이는 4,500만 세기인데 금세기는 하나의 종, 즉 인간이 생물권의 운명을 결정할 수 있는 최초의 시대가 될 것이다. 나는 인류가 자멸로 치달을 거라고는 보지 않는다. 그러나 운이 좋아야 처참한 몰락을 피할 거라고 생각한다. 인간이 더 많아지고, 모든 인간이 더 많은 자원을 요구하기 때문에 생태계에 돌이킬 수 없는 스트레스가 가해질 것이다. 게다가 기술이 인간에게 더욱더 힘을 부여하며, 그럼으로써 우리를 새로운 취약점에 노출시킨다는 것이 내 논지였다.

나는 여러 사람에게 영감을 얻었는데, 특히 20세기 초의 한 위대한 현자에게서였다. 1902년 젊은 H. G. 웰스H. G. Wells는 런던 왕립연구소에서 유명한 강연을 했다.[3]

인류는 얼마간 전진했으며, 우리가 지금까지 여행한 거리는 앞으로 나아가야 할 길에 관해 어느 정도 통찰력을 제공합니다. (…) 모든 과거는 시작의 시작에 불과하며, 지금까지 있었고 지금 있는 모든 것은 새벽의 여명에 불과하다고 믿을 수도 있습니다. 지금껏 인간의 마음이 이룬 모든 것이 깨기 전의 꿈일 뿐이라고 믿을 수도 있지요. 우리 종족에서 출현한 '마음'은 우리가 하찮다는 사실을 돌이켜보게 함으로써 우리가 스스로 아는 것보다 자신을 더욱 잘 알게 해줄 겁니다. 그런 날이 올 겁니다. 끝없이 이어지는 날들 중에, 현재 우리의 생각에 잠재되어 있고 우리의 사타구니에 숨겨져 있는 존재가 우리가 발판 위에 서 있는 것처럼 이 지구에 서서 웃으면서 별들 사이로 손을 뻗어 올릴 날이요.

그의 다소 화려한 문체는 100여 년이 흐른 뒤에도 여전히 우리에게 공명을 일으킨다. 그는 우리 인류가 지구에 출현하는 생명의 종착점이 아님을 깨달았다.

그러나 웰스는 낙관론자가 아니었다. 그는 세계적인 재앙이 일어날 위험도 강조했다.

이런저런 것들이 철저히 파괴되고 인류 역사가 끝장나지 말아야할 이유를 보여주기란 불가능합니다. (…) 우리의 모든 노력을 헛된 것으로 만들거나 (…) 우주에서 온 무언가나, 유행병이나, 대기로 옮겨지는 어떤 대규모 유행병이나, 혜성의 꼬리가 남긴 어떤 독이나, 지구 내부에서 뿜어지는 어떤 대량의 증기나, 우리를 잡아먹을 어떤 새로운 동물이나, 어떤 약물이나, 인간의 마음에 있는 파괴적인 광기나 (…)

웰스를 인용한 것은 내가 이 책에서 전하려고 하는 낙관론과 불안의 조합, 그리고 사변과 과학의 조합을 드러내기 때문이다. 그가 현재 글을 쓰고 있다면 생명과 우주의 범위가 확장되고 있다는 사실에 의기양양하겠지만, 우리가 직면한 위험도 더욱 우려할 것이다. 사실 판돈이 점점 더 커지고 있다. 새로운 과학은 엄청난 기회를 제공하지만, 그 결과는 우리의 생존을 위협할 수 있다. 과학이 정치인이나 일반 대중이 받아들이거나 대처할 수 없을 만큼 빠르게 줄달음질 치고 있는 것은 아닌지 많은 이들이 우려하고 있다.

＊ ＊ ＊

독자는 내가 천문학자이므로 소행성이 지구와 충돌할까봐 걱정되어 밤잠을 못 이룰 거라 생각할지도 모르겠다. 그렇지 않다. 사실 소행성과 지구의 충돌은 우리가 정량화할 수 있는 극소수의 위협에 불과하다. 아니, 일어날 가능성이 거의 없다고 확신할 수 있다. 지름이 몇 킬로미터에 달하는 천체가 지구와 충돌하여 세계적으로 재앙을 일으키는 건 약 1,000만 년에 한 번 정도다. 한 사람의 생애로 보더라도 그런 충돌이 일어날 가능성은 100만 분의 몇에 불과하다. 더 작은 소행성이 광역적 또는 지역적인 파괴를 일으킬 확률은 그보다 더 높긴 하다. 1908년 러시아 퉁구스카 사건이 그렇다. 소행성이 히로시마 원자폭탄 수백 개에 달하는 에너지를 쏟아내면서 시베리아의 수백 제곱킬로미터에 달하는 면적을 쑥대밭으로 만들었다. 그나마 사람이 살지 않는 지역이어서 다행이지 싶다.

　이렇게 충돌이 일어나리라는 사실을 미리 알 수 있을까? 그렇다. 현재 지구 궤도와 교차할 가능성이 있는 지름 50미터 이상의 소행성 100만 개를 데이터베이스화하여 이동을 정확히 추적하는 계획이 진행되고 있다. 소행성이 위험할 정도로 지구에 가까이 다가와 충돌할 것으로 예상되면, 가장 위험할 것으로 보이는 지역의 주민들을 대피시킬 수 있다. 더 나은 소식은 우리를 보호할 우주선을 개발할 수도 있다는 것이다. 멸종을 가져올 충돌이 일어나기 몇 년 앞서 우주 공간에서 소행성을 '살짝 밀면' 된다. 소행성의 속도를 초당 몇 센티미터만 바꿔도 지구와 충돌하지 않고 비껴가게 할 수 있다. 보험 할증료를 계산할 때도 확률에 결과를 곱하는 통상적인 방식을 사용하는데, 소행성 충돌 위험을 줄이기 위해 연간 수억 달러를 쓰는 것은 가치 있는 일이다.

그에 비하면 지진이나 화산 같은 자연적인 위협은 예측하기가 더 어렵다. 그러니 신뢰할 만한 예방법도 존재하지 않는다. 하지만 그런 사건들에도 안심이 될 만한 요소가 하나 있다. 바로 발생 확률이 증가하지 않는다는 것이다(이 말은 소행성과 지구의 충돌에도 적용된다). 네안데르탈인이 살던 때나, 아니 공룡이 살던 때나 지금이나 거의 동일하다. 다만 그런 사건의 결과는 그 사건으로 위험해질 사회 기반 시설의 취약성과 가치에 따라 크게 달라지는데, 도시화가 이뤄진 오늘날의 세계에서는 여파가 훨씬 더 크다. 게다가 네안데르탈인(그리고 사실상 19세기 이전까지의 모든 인류)은 알아차리지 못한 채 넘어갔을 우주적 현상들도 지금은 엄청난 피해를 줄 수 있다. 예컨대 태양에서 일어나는 거대한 폭발이 그렇다. 이 태양 폭발로 발생하는 자기 폭풍은 전 세계의 전력망과 전자 통신을 교란할 수 있다.

이런 자연적인 위협도 있지만, 우리가 가장 걱정해야 할 재앙은 인류 자신이 일으키는 것들이다. 지금은 그런 것들이 훨씬 더 크게 눈앞에 어른거리며, 재앙이 일어날 가능성과 피해 규모도 10년 단위로 점점 더 커지고 있다.

이미 운 좋게 피한 사건도 하나 있다. 바로 핵전쟁이다.

# 핵 위협

냉전 시대, 그러니까 각국의 무장 수준이 비합리적으로 치솟던 시대에 초강대국들의 혼동과 계산 착오로 지구가 아마겟돈이 될 수도 있었다. 당시는 방사능 낙진 대피소가 있던 시절이었다. 쿠바 미사일 위기 때, 나는 동료 학생들과 함께 철야 기도와 시위에 참여했다. 톰 레러Tom Lehrer의 가사 같은 운동가요를 부를 때만 기분이 밝아지던 시절이었다. "갈 때면 우리 모두 함께 가리라, 찬란한 불빛에 감싸인 채로."

그러나 우리가 파국에 얼마나 가까이 갔는지를 진정으로 알아차렸다면 매우 섬뜩했을 것이다. 케네디 대통령은 나중에 그 확률이 "3분의 1에서 2분의 1 사이 어딘가"라고 말했다.

당시 국방장관이었던 로버트 맥나마라Robert McNamara는 은퇴하고도 오랜 세월이 흐른 뒤에야 솔직하게 털어놓았다. "우리는 핵전쟁의 코앞까지 갔었지만 알아차리지 못했다. 핵전쟁을 피한 것은 결코 우리의 업적이 아니다. 흐루쇼프와 케네디가 현명하기도 했지만, 그 못지않게 운이 좋았던 덕이다."

현재 우리는 가장 긴장이 심했던 순간 중 하나를 더 자세히 알고 있다. 훈장도 받은 매우 존경받는 러시아 해군 장교인 바실리 아키포프Vasili Arkhipov는 핵미사일을 실은 잠수함의 부선장으로 근무하고 있었다. 미국이 폭뢰로 잠수함을 공격하자, 선장은 전쟁이 일어났다고 추론하고 선원들에게 미사일을 발사하라고 했다. 규정에 따르면 핵미사일을 쏘려면 가장 지위가 높은 장교 세 명이 동의해야 했다. 아키포프가 반대했고, 그 덕에 핵무기가 오가는 파국의 상황을 피할 수 있었다.

쿠바 사건 이후에 이뤄진 평가에 따르면, 냉전 때 원자핵으로 파국이 일어났을 연간 확률이 소행성 충돌의 평균 사망 확률보다 약 1만 배 더 높았다고 한다. 심지어 머리카락 한 올 차이로 파국을 피한 아슬아슬한 사례들도 있다. 1983년 러시아 공군 장교 스타니슬라프 페트로프Stanislav Petrov는 미국에서 소련을 향해 대륙간탄도미사일인 미니트맨 5기가 발사됐다는 경보가 화면에 뜬 것을 봤다. 경보가 뜨면 페트로프는 즉시 상관에게 보고하도록 되어 있었다. 그래야 몇 분 안에 핵무기로 보복할 수 있기 때문이다. 하지만 그는 자신의 직감을 믿고 화면에 뜬 경보를 무시하기로 했다. 조기 경보 시스템의 오류 때문이라고 추측했는데, 그의 직감이 옳았다. 경보 시스템이 구름 위에서 반사된 햇빛을 미사일 발사로 착각한 것이다.

지금 많은 이들은 그것이 핵 억지력이 작용한 결과라고 주장한다. 어떤 의미에서는 그렇다. 그러나 그렇다고 해서 그것이 현명한 정책이었다는 뜻은 아니다. 탄창에 총알을 하나 또는 두 개 넣고서 러시안 룰렛을 한다면 죽을 확률보다 살 확률이 더 높은 게 사실이다. 하지만 그것이 현명한 도박이 되려면 판돈을 엄청나게 많이 걸어야 할 것이다. 그렇지 않다면, 자신의 목숨값을 너무 낮게 매기는 것이다. 우리는 냉전 시대 내내 그런 도박을 하라고 강요받았다. 정치 지도자들이 우리를 어떤 위험 수준에 노출시킨다고 생각했는지, 그리고 정보를 솔직하게 알리고 동의를 구했다면 대부분의 유럽인이 어떻게 받아들였을지 알아보는 일도 흥미로울 것이다. 수억 명을 죽이고 유럽의 모든 유서 깊은 도시를 파괴할 확률이 3분의 1이라고 했다면, 나는 받아들이지 않았을 것이다. 아니, 6분의 1이라고 했어도 마찬가지였을 것이다. 설령 그렇게 하지 않아서 소련이 서유럽을 지배하게 된다 해도 그렇다. 물론 핵전쟁의 파괴적인 결과는 위협에 직면한 나라만이 아니라 그 너머로도 확대됐을 것이다. '핵겨울'이 촉발된다면 그 범위는 더욱 넓어졌을 테고 말이다.

핵폐지는 지금도 우리 사회의 이슈가 되고 있다. 초강대국들의 군축 노력 덕분에 냉전 시대보다 무기가 5배 이상으로 늘지 않았다는 점이 그나마 위안이 된다. 러시아와 미국은 각각 핵무기 약 7,000기를 보유하고 있다. '머리카락을 쭈뼛하게 만들' 경보가 뜨는 횟수는 더 적어졌지만 현재 핵무기 보유국은 9개국으로 늘어났고, 지역적으로 더 소규모의 핵무기를 사용할, 심지어 테러리스트가 사용할 가능성은 전보다 더 높아졌다. 게다가 금세기 후반에는 지정학적 재배치가 이뤄지면서 새로운 초강대국들이 교착상태에 빠질 가능성도 있다. 새로운 세대는 또 한 번의 쿠바 위기에 직면할지 모르며, 그 위기는 1962년 당시보다 다루기가 더 어려울 수도 있다. 또는 운이 더 나쁠 수도 있다. 인류의 전멸을 가져올 수도 있는 핵 위협은 현재 그저 유예된 상태일 뿐이다.

　2장에서는 생명공학, 정보기술, 인공지능이라는 21세기 과학과 그것들이 무엇을 예고할지 살펴볼 것이다. 결론을 말하자면, 그것들이 오용될 위험이 점점 더 커지고 있다는 것이다. 생명공학이나 사이버 공격의 기술과 전문 지식을 수백만 명이 쓸 수 있게 될 것이다. 핵무기처럼 대규모 전용 설비가 필요하지 않기 때문이다. 스턱스넷Stuxnet(이란 핵무기 계획에 쓰였던 원심분리기를 망가뜨린 컴퓨터 바이러스), 잦은 금융기관 해킹 같은 사이버 파괴 행위는 이미 이런 우려를 정치적 의제로 떠오르게 했다. 미 국방부 과학위원회의 보고서에는 사이버 공격의 충격(예를 들어, 미국 전력망의 차단)이 핵무기 사용을 정당화할 수 있을 만큼 파국적일 수 있다고 실려 있다.[4]

　그러나 그 문제를 다루기 전에, 인간이 일으키는 환경 파괴와 기후 변화로 일어날 수 있는 황폐화에 초점을 맞춰보자. 이 상호 연결된 위협들은 장기적이며 우리도 모르는 사이에 점점 더 심화된다. 그 원인은 인류가 점점 더 무겁게, 집단적으로 찍어대는 발자국이다. 미래 세대가 더 부드럽게 딛고 다니지 않는다면(또는 인구가 줄어들지 않는다면), 유한한 우리 행성의 생태계는 지속 가능한 한계를 넘어서는 스트레스를 받게 될 것이다.

# 생태적 위협과 전환점

50년 전에 세계 인구는 약 35억 명이었다. 지금은 78억 명으로 추정된다. 다만 증가 속도는 더뎌졌는데, 전 세계의 연간 출생자 수는 몇 년 전에 정점에 달했다가 지금은 줄어들고 있다. 그렇다 해도 세계 인구는 2050년에 90억 명 이상까지 늘어날 것으로 예상된다.[5] 개발도상국의 주민 대부분이 아직 젊어 앞으로 아이를 낳을 가능성이 크며, 게다가 그 아이들의 수명은 더 늘어날 것이기 때문이다. 개발도상국의 연령 그래프가 유럽과 비슷해질 때까지는 그렇다. 현재 인구 증가율이 가장 높은 곳은 동아시아로, 세계의 인적 자원과 금융 자원이 점점 더 그곳으로 집중되고 있다. 그러면서 4세기에 걸친 북대서양의 패권이 종말을 고하고 있다.

인구학자들은 도시화가 지속되면서 2050년이면 세계 인구의 70퍼센트가 도시에 살 것으로 예측한다. 심지어 2030년 무렵이면 나이지리아 라고스, 브라질 상파울루, 인도 델리의 인구는 3,000만 명이 넘을 것으로 본다. 메가시티megacity(인구 1,000만 명 이상의 도시를 말하며, 서울을 비롯하여 약 50개가 있다-옮긴이)가 혼란 가득한 디스토피아로 타락하지 않게 막는 것이 정부의 주요 과제 중 하나가 될 것이다.

인구 증가는 현재 논의가 덜 이뤄지고 있다. '대규모 기아' 라는 암울한 예측이 들어맞지 않은 탓도 얼마간 있다. 빗나간 예측의 대표적인 예가 파울 에를리히Paul Ehrlich의 1968년 책 《인구 폭탄》이나 로마클럽 보고서 등이다. 또 일부에서는 인구 증가라는 주제를 금기시하기도 한다. 1920~1930년대의 우생학, 인디라 간디Indira Gandhi 당시의 인도 정책, 더 최근까지 이어진 중국의 강경했던 한 자녀 정책 등과 연결되어서 논의가 왜곡되곤 하기 때문이다. 인구 증가에 발맞춰서 식량 생산과 자원 채굴이 이뤄져 온 것도 분명하다. 기근은 여전히 일어나지만, 지구 전체의 희소성 때문이 아니라 갈등이나 잘못된

분배 때문이다.[6]

우리는 사람들의 생활양식, 식단, 여행 양상, 에너지 수요가 2050년 이후에 어떠할지를 확신을 갖고 예측할 수 없기 때문에 세계의 적정 인구가 얼마라고 콕 찍어 말할 수 없다. 모든 사람이 오늘날의 풍족한 미국인들만큼 방탕하게 산다면 세계는 현재의 인구 수준도 유지할 수 없을 것이다. 모두가 많은 에너지를 쓰고 많은 쇠고기를 먹는다면 말이다. 반면에 모두가 채식을 하고, 여행을 거의 하지 않고, 좁은 아파트에 빽빽하게 모여 살고, 초고속 인터넷과 가상현실을 통해 상호작용을 한다면 120억 명까지도 수용할 수 있을 것이다. 비록 금욕적이긴 하지만, 어느 정도 삶의 질을 유지하면서 생존할 수 있을 것이다. 이 두 번째 시나리오는 솔직히 가능성이 없어 보이며, 매혹적이지도 않다. 그러나 이 양쪽 극단의 격차가 크다는 것은 세계의 환경수용력carrying capacity이 얼마라고 하는, 검증되지 않은 수치들을 인용하는 것이 얼마나 어리석은 짓인지를 잘 보여준다.

2050년에 도달할, 아니 사실상 넘어설 인구 90억 명이 사는 세계가 반드시 파국을 의미하진 않는다. 현대 농업에서는 얕게 갈고, 물을 보존하고, 아마도 유전자 변형genetically modified, GM 작물을 심고, 더 나은 기술로 폐기물을 줄이고, 관개 기술을 개선함으로써 아마도 그 인구를 먹여 살릴 수 있을 것이다. 그것을 '지속 가능한 집약 농법sustainable intensification'이라고 한다. 그러나 에너지에 한계가 있을 것이며, 일부 지역에서는 물 공급에 심각한 문제를 겪을 것이다. 아마도 이런 수치들을 들으면 놀랄 텐데, 밀 1킬로그램을 수확하려면 물 1,500리터와 몇 메가줄megajoules의 에너지가 필요하다. 그런데 쇠고기 1킬로그램을 얻으려면 그보다 100배나 많은 물과 20배나 많은 에너지가 든다. 세계 에너지 생산량의 30퍼센트와 끌어오는 물의 70퍼센트가 식량을 생산하는 데 들어간다.

GM 작물을 이용하는 농법이 유익할 수 있다. 사례를 하나 들자면, 세계보건기구WHO는 개발도상국의 5세 이하 아동 중 40퍼센트가 비타민 A 결핍증을 겪고 있다고 추정한다. 이 결핍증이 유아 실명의 주된 원인으로, 세계적으로 해마다 수십만 명이 그 때문에 시력을 잃는다. 1990년대에 처음 개발되어 그 뒤로 죽 개량되어온 이른바 황금쌀golden rice은 비타민 A의 전구체인 베타카로틴을 함유하고 있어서 비타민 A 결핍증을 완화한다. 그런데 유감스럽게도 환경 단체들, 특히 그린피스는 황금쌀의 재배를 방해해왔다. 물론 '자연을 조작한다'는 우려가 있긴 하지만, 이 사례에서는 신기술이 지속 가능한 집약 농법에 기여할 수 있다. 게다가 벼 유전체에 더 큰 폭의 변형, 이른바 'C4 경로C4 pathway'(광합성을 하는 생화학적 경로 중 하나로, 더 건조하고 높은 온도에서도 식물이 광합성을 할 수 있게 하는 방식. 옥수수가 대표적이다-옮긴이)를 이용하게 하는 식의 변형을 일으켜 광합성의 효율을 높일 수도 있다. 그럼으로써 이 세계의 주요 작물이 더 빨리 더 집약적으로 성장하도록 만들 수 있다.

식단 혁신은 첨단 기술을 둘러싼 반대에 직면하지 않고서도 가능하다. 영양가가 높고 단백질이 많은 곤충을 맛있는 식량으로 전환하고, 식물단백질로 인조 고기를 만드는 것이다. 인조 고기로 만든 '비프' 버거(주로 밀, 코코넛, 감자로 만든)는 임파서블푸즈Impossible Foods라는 캘리포니아 기업이 2015년부터 판매하고 있다. 하지만 비트 뿌리에서 짠 즙이 피를 대신할 수 없듯이, 이 버거가 육식성 미식가를 만족시키려면 시간이 걸릴 것이다. 생화학자들은 더 정교한 기술을 탐구하면서 계속 연구 중이다. 이론상으로는 동물로부터 세포를 조금 떼어내 적절한 양분을 주면서 성장을 자극하여 고기를 배양할 수 있다. 무세포 농업acellular agriculture이라는 또 다른 방법은 유전자 변형 세균이나 효모, 균류, 조류를 써서 예컨대 우유와 달걀에 들어 있는 단백질과 지방을 생산한다. 이런 기술들은 사람들이 수용할 만한 고기 대체물을 개발해야 한다는 생태적 명령뿐 아니라 경제적 유인이 충분하므로, 빨리 발전할 것이라고 낙관할 수 있다.

우리는 식량 면에서는 기술낙관론자가 될 수 있다. 건강과 교육 면에서도 마찬가지다. 그러나 정치 면에서는 비관론자가 되지 않기가 어렵다. 충분한 영양이나 초등교육, 기타 기본 생활 조건을 제공함으로써 세계에서 가장 가난한 사람들이 삶의 기회를 더 많이 누리도록 하는 것은 쉽게 이룰 수 있는 목표다. 방해가 되는 것은 주로 정치적인 측면이다.

혁신의 혜택이 전 세계로 퍼지려면, 우리 모두가 생활방식을 바꾸어야 할 것이다. 그렇다고 그것이 꼭 곤궁해져야 한다는 의미는 아니다. 사실 2050년에는 모두가 적어도 오늘날 방탕한 서양인들이 즐기는 수준의 삶의 질을 누릴 수 있을 것이다. 기술이 적절히 발전하고 현명하게 적용되기만 한다면, 충분히 그럴 수 있다. 이 필요는 금욕을 요구하지 않는다. 그보다는 천연자원과 에너지를 절약하는 혁신을 통해 경제 성장을 추진할 것을 요구한다. 간디는 이런 격언을 남겼다. "모두의 필요를 충족시킬 수는 있지만, 탐욕을 충족시킬 수는 없다."

'지속 가능한 발전'이라는 말은 1987년 노르웨이 총리 그로 할렘 브룬틀란Gro Harlem Brundtland이 의장을 맡은 세계환경개발위원회를 통해 널리 쓰이게 됐다. 위원회는 그 말을 "미래 세대에 부정적인 영향을 주지 않으면서 현재의, 특히 가난한 사람들의 필요를 충족시키는 발전"이라고 정의했다.[7] 이 목표를 내거는 데 반대할 사람은 아무도 없을 것이다. 특권적인 사회가 누리는 생활양식과 나머지 세계가 이용 가능한 생활양식 간의 격차가 좁아지기를 누구나 바랄 테니 말이다. 그러나 개발도상국들이 유럽과 북아메리카가 걸었던 산업화 경로를 따라간다면, 그런 목표는 이룰 수가 없다. 그런 나라들은 더 효율적이고 덜 낭비적인 생활양식으로 곧바로 넘어갈 필요가 있다. 목표는 반기술anti-technology이 아니다. 기술은 더 많이 필요할 것이다. 다만, 필요한 혁신을 뒷받침할 수 있도록 방향을 적절히 정해야 한다. 물론 더 발전한 나라들도 이런 쪽으로 전환해야 한다.

정보기술과 소셜 미디어는 현재 전 세계에 퍼져 있다. 그 덕에 아프리카의 시골 농민도 상인들에게 속지 않고 시장 정보에 접근할 수 있고 전자 거래를 할 수 있다. 동시에 이 기술들은 세계의 궁핍한 지역에 사는 이들에게 자신들이 무엇을 놓치고 있는지를 자각하게 하는 역할도 한다. 격차가 지나치게 크고 부당하다고 인식한다면 이 자각이 불만을 일으키고, 나아가 대량 이주나 갈등으로 번질 것이다. 운 좋은 국가가 평등을 추구하는 것은 도덕적 책무일 뿐 아니라 자국의 이익을 위한 행동이기도 하다. 궁핍한 나라에 직접적인 금융 지원을 하고, 현재의 착취적인 원료 채굴을 중단하며, 그 나라들의 기반시설과 제조업에 투자한다면 난민을 줄일 수 있을 것이다. 그들이 일자리를 찾아 이주하려는 압력을 덜 받을 테니 말이다.

그러나 장기적인 목표는 곧잘 정치적 의제에서 밀리고, 당면한 문제들에 짓눌리는 경향이 있다. 그랬다가 다음 선거에 다시 쟁점으로 등장한다. 유럽연합 집행위원회 의장인 장클로드 융커Jean-Claude Juncker는 이렇게 말했다. "우리 모두는 무엇을 할지 안다. 다만 그 일을 한 뒤에 재선될 방법을 모를 뿐이다."[8] 그가 가리킨 것은 금융 위기였지만, 그의 말은 환경과 관련된 도전 과제에 더 적절하다(유엔의 지속 가능 개발 목표를 달성하려는 노력이 실망스러울 만큼 느리게 진행되는 모습에서도 이를 확인할 수 있다).

해낼 수 있는 것과 실세로 일어나는 일 사이에는 실망스러울 만큼 커다란 격차가 있다. 지원을 더 많이 하는 것만으로는 부족하다. 이런 혜택들이 개발도상국에까지 도달하려면 사회적 안정, 좋은 정부, 효과적인 기반 시설이 필요하다. 2007년, 아프리카에 휴대전화를 도입하는 데 앞장선 기업가인 수단의 모 이브라힘Mo Ibrahim은 아프리카 국가에서 모범적이고 부패하지 않은 지도자가 나온다면 10년에 걸쳐 500만 달러를 주겠다고 상금을 내걸었다(그 뒤로 해마다 20만 달러씩 늘렸다). 이름하여 '모 이브라힘 아프리카 지도자상Ibrahim Prize for Achievement in African Leadership'인데, 이 상을 받은 사람은 지금까지 다섯 명이다.

장기적 과제와 관련된 노력을 국가 수준에서 하는 것이 반드시 최선이라고는 할 수 없다. 물론 더 광범위하게 다국적 협력을 필요로 하는 것들도 있지만, 대다수의 효과적인 개혁은 더 국지적으로 실행될 필요가 있다. 예컨대 계몽된 도시에는 개척자가 될 엄청난 기회가 주어질 수 있다. 개발도상국의 메가시티들은 대개 벅찬 도전 과제들을 지니고 있으므로, 이를 해결하는 데 필요한 첨단 기술을 도입함으로써 기술 혁신의 첨병이 될 수 있다는 얘기다.

단기실적주의short-termism는 선거를 중심으로 돌아가는 정계나 정치가들만의 특징이 아니다. 민간 투자자도 충분히 멀리까지 내다보지 않는다. 예를 들어 부동산 개발업자는 30년 안에 손익 분기점을 넘을 가능성이 없다면 새 건물을 짓지 않을 것이다. 사실 도시에서 가장 높이 솟은 건물들의 설계 수명은 고작해야 50년에 불과하다. 그 기간 너머까지 잠재적인 혜택이나 단점을 따지는 것은 그들의 관심사가 아니다.

더 먼 미래는 어떨까? 2050년 너머의 인구 추세는 예측하기가 더 어렵다. 어쩌면 지금의 젊은이들, 그리고 아직 태어나지 않은 이들이 자녀의 수와 터울에 관해 어떤 결정을 내리느냐에 달려 있을 것이다. 지금 출산율이 가장 높은 지역에서는 여성에게 교육과 역량 개발의 기회를 줌으로써 출산율을 낮출수 있을 것이다. 그러나 인도 각지와 아프리카 사하라 이남 지역에서는 아직 이 인구학적 전이가 일어나지 않고 있다.

니제르나 에티오피아의 농촌 지역 등 아프리카 일부 지역에서는 여성 1인당 평균 출산 횟수가 여전히 7회를 넘는다. 앞으로 좀더 줄어들 가능성이 크긴 하지만, 유엔에 따르면 아프리카 인구는 2050~2100년에 40억 명으로 2배까지 늘어날 가능성이 있다. 그러면 세계 인구가 110억 명으로 늘어날 수 있다. 그러면 나이지리아 인구가 유럽과 북아메리카의 인구를 합친 것만큼 될 것이고, 세계 아동의 약 절반이 아프리카에 있게 될 것이다.

낙관론자는 입이 하나 늘어날 때 손 두 개와 뇌 하나도 늘어난다고 이야기한다. 그렇긴 해도 인구가 늘수록 자원에 가해지는 압력이 늘어나리라는 점은 자명한 사실이다. 개발도상국과 선진국의 1인당 소비량 격차가 줄어든다면 더더욱 그럴 것이다. 그러면 아프리카가 빈곤의 덫에서 탈출하기가 더욱 어려워질 수밖에 없다. 일부에서는 유아 사망률이 낮아지더라도 대가족을 선호하는 아프리카의 문화적 양상은 그대로 유지될 것으로 내다본다. 실제로 그렇게 된다면, 유엔이 선포한 기본권 중 하나인 가족 규모를 선택할 자유는 별다른 의미를 갖지 못할 수도 있다. 늘어난 세계 인구의 부정적인 외부 효과를 고려해야 하기 때문이다.

우리는 2050년 이후에 인구가 늘어나기보다는 줄어들기를 바라야 한다. 설령 훌륭한 정치와 효율적인 농산업에 힘입어 90억 명을 먹여 살릴 수 있다고 할지라도, 3D 프린팅 등을 통해 소비재를 더 저렴하게 생산할 수 있게 되고 청정에너지가 풍족해진다고 할지라도, 인구가 지나치게 많아지면 녹지가 줄어 작물의 종류가 제한될 것이고 삶의 질도 낮아질 것이다.

# 행성의 경계를 벗어나지 않는다면

우리는 인류세 깊숙이 들어와 있다. 인류세라는 용어는 파울 크뤼천$^{Paul Crutzen}$을 통해서 널리 알려졌다. 크뤼천은 에어로졸 캔과 냉장고에 쓰이는 화학물질인 CFC 때문에 상층 대기의 오존층이 사라지고 있다는 사실을 밝혀낸 과학자 중 한 명이다. 1987년 몬트리올 의정서가 발효되면서 이 화학물질의 사용이 금지됐다. 이 국제 협정이 고무적인 선례처럼 비치긴 하지만, 사실 경제적으로 그다지 큰 비용을 들이지 않고서도 쓸 수 있는 대체물이 존재했기에 효력을 발휘한 것이었다. 유감스럽게도, 인구 증가로 일어나는 더 중요한 인위적 변화들에는 대처하기가 그렇게 쉽지 않다. 예를 들어 전 지구적인 변화들, 식량, 에너지, 기타 자원을 더 많이 요구하는 변화들이 그렇다.

이 모든 현안은 폭넓게 논의되고 있지만 실천이라는 측면에서는 실망스럽기 그지없다. 정치가들이 장기적인 추세보다 지금 당장의 현안에 치중하고, 세계적인 관심사보다 지역적인 관심사를 우선시하기 때문이다. 그렇다면 유엔 산하의 기존 기관들과 맥락을 같이하는 새로운 국제기구들을 창설하고, 각국이 그런 기구에 더 많은 권한을 줄 필요가 있지 않을까?

인구 증가와 기후 변화의 압력이 지속되면 생물 다양성이 훼손될 것이다. 식량이나 바이오 연료를 생산하기 위해 천연림을 더 파괴한다면 이 문제는 더욱 악화될 것이다. 기후 변화와 토지 이용 양상의 변화가 결합하여 서로의 효과를 증폭시킴으로써, 도저히 걷잡을 수 없고 돌이킬 수 없는 변화로 이어지는 전환점을 돌게 할 수 있다. 스톡홀름의 환경주의자 요한 록스트룀Johan Rockström이 '지구 한계planetary boundary'9(지구의 자원이 언제 한계에 도달하느냐를 가리키는 개념으로 기후 변화, 오존층 파괴, 생물 다양성 감소, 담수 부족 등 한계를 측정하는 여러 기준이 있다-옮긴이)라고 부른 것에 인류가 집단적으로, 지속적으로 충격을 가

한다면 우리 생물권이 돌이킬 수 없이 빈곤해질 수 있다.

이 문제가 왜 그렇게 중요할까? 어류 개체군이 줄어들어 사라지는 종이 많아진다면 우리도 해를 입는다. 또 우림에는 우리에게 의학적으로 유용한 식물들이 있다. 그러나 다양한 생물권은 실용적인 혜택뿐 아니라 영적인 가치를 지닌다는 점에서도 중요하다. 저명한 생태학자 에드워드 O. 윌슨Edward. O. Wilson은 이렇게 말한다.

환경론적 세계관의 핵심은 인간의 몸과 정신의 건강이 행성 지구에 달려 있다는 확신이다. (…) 숲, 산호초, 파란 바다 같은 자연 생태계는 우리가 유지되기를 바라는 세계를 유지해준다. 우리의 몸과 마음은 다른 어떤 곳이 아니라 이 특정한 행성 환경에서 살도록 진화했다.[10]

그러나 멸종률은 증가하고 있다. 우리는 생명의 책을 채 읽기도 전에 없애버리고 있다. 예를 들어 '카리스마 넘치는' 포유동물들은 개체 수가 지속적으로 줄어들었으며, 멸종 위기에 이른 종들도 있다. 6,000종에 이르는 개구리, 두꺼비, 도롱 높은 특히 취약하다. 윌슨은 또 이렇게 말했다. "인간의 행동이 대량 멸종을 가져온다면, 그것이야말로 미래 세대가 우리를 가장 용서하지 않을 범죄다."

말이 난 김에 덧붙이자면, 이 문제에서 주요 종교들은 우리의 우군이 될 수 있다. 나는 교황청 과학원Pontifical Academy of Sciences(종파를 초월한 단체로서 신앙의 유형이나 유무와 관계없이 70명의 회원으로 이뤄져 있다)의 평의회에도 속해 있다. 2014년 케임브리지 경제학자 파르타 다스굽타Partha Dasgupta는 캘리포니아 스크립스연구소의 기후과학자 램 라마나탄Ram Ramanathan과 공동으로 바티칸에서 지속 가능성과 기후에 관한 고위 회담을 주최했다.[11] 이 회담이 계기가 되어 2015년 '찬미받으소서Laudato Si'라는 교황 회칙이 발표됐다. 이 회칙은 정치적 분열을 초월하는 메시지를 전했다. 지구 전체를 고려하고, 항구적이고 장기적인 전망을 지니며, 세계의 가난한 이들에게 초점을 맞췄다. 프란체스코 교황은 유엔에서 기립 박수를 받았으며 교황의 메시지는 라틴아메리카, 아프리카, 동아시아에서 특히 호응을 얻었다.

교황의 회칙은 '신의 창조물'이라고 믿는 모든 것을 인류가 돌볼 의무가 있다는, 즉 자연 세계가 인간에게 혜택을 주느냐 아니냐와 무관하게 나름의 권리를 지니고 있다는 견해를 가톨릭이 명확하게 인정했음을 보여준다. 이 태도는 자연선택을 통한 진화론 개념의 공동 창안자인 앨프리드 러셀 월리스Alfred Russel Wallace가 100여 년 전에 표현한 감상과 공명한다.

> 나는 이 아름다운 것들이 세대를 거듭하면서 진화해온 기나긴 세월을 생각했다. (…) 그 사랑스러움을 지켜볼 지적인 눈이 전혀 없이, 아름다움을 그토록 방탕하게 낭비한 모든 모습 (…) 이런 점들을 생각하면 살아 있는 모든 것이 인간을 위해 만들어지지 않았다는 것이 명백하다. (…) 그들의 행복과 기쁨, 그들의 사랑과 증오, 그들의 생존경쟁, 그들의 격렬한 삶 및 이른 죽음과 직접적인 관계에 있는 것은 오로지 그들 자신의 안녕과 영속뿐인 것으로 보인다.[12]

교황의 회칙은 2015년 12월에 열린 파리 기후 회의에서 합의가 쉽게 이뤄질 수 있도록 길을 닦는 역할을 했다. 우리 아이들에게, 가장 가난한 이들에게, 그리고 생명의 다양성을 지키는 청지기인 우리 자신에게 고갈되고 위험한 세계를 남기지 말아야 할 책임이 우리에게 있다는 감동적인 선언이었다.

　우리 모두 분명히 그런 정서를 지니고 있다. 그러나 우리의 경제와 정치라는 세속적 제도는 충분히 멀리까지 내다보고 계획하지 않는다. 이런 위협들이 과학과 통치 체제에 어떤 가공할 도전 과제를 제시하는지는 마지막 장에서 다룰 것이다.

　이 일에 규제가 도움이 될 수 있다. 그러나 규제는 대중의 마음가짐이 바뀌지 않는다면 추진력을 일으키지 못한다. 예를 들어 서양에서 흡연과 음주 운전에 관한 태도는 최근 수십 년 사이에 변화해왔다. 노골적인 과소비와 물질 및 에너지의 낭비에 대해서도 멋진 것이 아니라 꼴사나운 것이라고 인식되는 방향으로 비슷한 태도 변화가 일어날 필요가 있다. 런던의 고급 주택가에서 도로 통행을 방해할 뿐 아니라 기름만 잔뜩 먹는 덩치 취급을 받는 사륜구동 SUV가 대표적이다. 그 밖에도 지나친 난방을 하거나 조명을 환하게 밝힌 집, 과대 비닐 포장, 빨리빨리 변하는 유행을 그저 따라가느라 바쁜 소비 행태 등도 있다. 사실 과소비를 멀리하는 추세는 외부의 압력 없이도 일어날 수 있을 것이다. 우리 세대는 생활공간, 예컨대 널찍한 공간을 자신의 책, CD, 사진으로 꾸밈으로써 개인화했다.

지금은 책과 음악을 온라인으로 접할 수 있으므로 아마 '집'이라는 단어에서 느끼는 정서가 덜할 것이다. 우리는 더 떠돌이가 될 것이다. 사업과 사회 활동이 온라인에서 이뤄질 수 있기에 더 그렇다. 소비주의는 공유경제로 대체될 수 있다. 이 시나리오가 실현되려면, 개발도상국이 유럽과 미국이 지나온 고에너지와 고소비 단계를 건너뛰고 이 생활양식으로 직접 넘어가는 일이 중요할 것이다.

기억에 남을 표어와 연관 지어서 효과적인 운동을 펼칠 필요도 있다. BBC의 2017년 TV 시리즈 〈푸른 지구 2 Blue Planet II〉는 남쪽 대양 수천 킬로미터를 날다 돌아온 앨버트로스가 새끼에게 플라스틱 조각을 게워내는 광경을 보여줬다. 새끼가 그토록 원하는 양분이 풍부한 물개가 아니라 플라스틱 말이다. 그런 영상은 플라스틱의 재활용이 중요함을 널리 알리고 실천에 나설 동기를 부여한다. 재활용을 하지 않으면 플라스틱이 바다에, 그리고 바다에 사는 생물들의 먹이 사슬에 쌓이게 된다. 이와 마찬가지로, 녹고 있는 유빙에 매달려 있는 북극곰을 보여주는 오래된 이미지 역시 기후 변화의 위기를 상징한다. 물론 여기에는 약간 오도된 측면이 있다.

# 기후 변화

세계에는 인간이 점점 더 바글바글해질 것이다. 게다가 세계는 점점 더 더워질 것이다. 그 결과 지구의 날씨 패턴이 달라짐으로써 식량 공급과 생물권 전체에 더욱 심한 압력이 가해질 것이다. 기후 변화는 과학, 대중, 정치가 사이의 긴장을 대변하는 사례다. 인구 문제와 정반대로, 이에 대해서는 논의 자체가 부족하지 않다. 2017년 미국의 트럼프 정부가 공공 문서에서 '지구 온난화'와 '기후 변화'라는 용어 자체를 금지했음에도 그렇다. 그러나 기후 변화를 염두에 두고 이뤄지는 행동은 실망스러울 만큼 적다.

논란의 여지가 없는 것이 하나 있다. 대기 중 $CO_2$ 농도가 증가하고 있으며, 주된 원인이 화석연료의 연소 때문이라는 것이다. 과학자 찰스 킬링Charles Keeling은 하와이 마우나로아천문대가 1958년에 문을 연 이래 그곳에서 대기 $CO_2$ 농도를 계속 측정했는데, 그 자료는 $CO_2$가 확연히 증가해왔음을 보여준다(2005년 킬링이 사망한 뒤로는 아들인 랠프가 연구를 이어오고 있다). 그리고 이것이 온실효과를 일으킨다는 점에도 논란의 여지가 없다. 지구를 덥히는 햇빛은 적외선 형태로 지구 바깥으로 빠져나간다. 그런데 온실의 유리가 (들어오는 햇빛은 통과시키는 반면) 적외선을 가두듯이, $CO_2$도 지구의 대기·육지·바다에 있는 열을 가두는 담요 역할을 한다. 이 현상은 19세기부터 알려져 있었다. $CO_2$의 증가는 장기적인 온난화 추세를 일으키며, 거기에 다른 모든 복합적인 효과가 겹쳐지면서 기후를 변동시킨다.

대기의 다른 모든 조건이 변하지 않는다면, $CO_2$의 농도가 2배로 될 때 지구 전체의 평균 기온은 1.2℃ 올라간다. 이 계산은 간단하다. 그러나 온난화와 연관되어 일어날 수증기, 구름 면적, 해양 순환 양상의 변화에 대해서는 이해도가 훨씬 떨어진다. 우리는 이런 되먹임feedback 과정이 얼마나 중요한지 알지 못한다.

기후 변화에 관한 정부 간 협의체Intergovernmental Panel on Climate Change, IPCC가 2013년에 내놓은 5차 보고서에는 여러 가지 예측이 담겨 있었다. 불확실한 것도 물론 있지만, 그중에는 명확한 것들도 있다. 특히 연간 $CO_2$ 배출량이 억제되지 않은 채 계속 증가한다면, 극적인 기후 변화가 촉발될 위험이 있다는 예측이 그렇다. 그린란드와 남극대륙의 얼음이 녹아서 해수면이 몇 미터 상승하는 것을 비롯하여, 수백 년 동안 파장을 미칠 재앙이 일어날 수 있다. 이런 재앙은 한번 시작되면 돌이킬 수 없다. 여기서 말하는 지구 기온 증가의 대푯값이 평균값이라는 점을 유념해야 한다. 즉 지역에 따라서는 증가 속도가 더 빨라서 국지적 날씨 패턴에 더 극적인 변동이 일어나 더 심각한 피해가 일어날 수 있다는 뜻이다.

기후 논쟁은 과학, 정치, 상업적 이해관계가 심하게 뒤얽히면서 중구난방이 되곤 했다. IPCC 예측에 함축된 내용을 싫어하는 이들은 더 나은 과학을 요구하기보다는 아예 과학을 비난해왔다. 현행 정책에 반대하는 이들이 그 예측을 더 다듬고 명확히 하는 것이 절박하다는 점을 인정한다면, 논쟁은 더 건설적인 양상을 띨 것이다. 지구 전체만이 아니라 더욱 중요한 각 지역 차원에서도 마찬가지다. 케임브리지와 캘리포니아의 과학자들은 이른바 '바이탈 사인Vital Signs 계획'을 추진 중이다.[13] 엄청난 양의 기후 및 환경 자료를 이용하여 평균 기온 상승과 가장 직접적인 상관관계가 있는 국지적 추세(가뭄, 장기적 무더위 같은)를 찾아내는 것이 목표다. 정치가들에게는 지구의 평균 기온 상승보다 그편이 이해하기 쉬울 테니 더 적절한 현안을 찾아낼 수 있을 것이다.

대기에 $CO_2$가 쌓이는 속도는 미래의 인구 추세와 세계의 화석연료 의존도에 따라 달라질 것이다. 그러나 $CO_2$ 배출 시나리오가 어떻든 간에, 우리는 평균 기온이 얼마나 빨리 증가할지 예측할 수가 없다. 불확실한 되먹임에서 비롯되는 기후 민감도 요인climate sensitivity factor 때문이다. IPCC 전문가들은 인구가 증가하고 화석연료에 계속 의존하면서 이제껏 하던 대로 살아간다면, 다음 세기에 기온이 6℃ 이상 올라갈 가능성이 5퍼센트라고 제시했다. 심각한 피해를 주지만 적응할 수 있는 상황이 벌어질 가능성은 50퍼센트라고 본다. 전자의 가능성이 후자보다 낮은 것은 사실이다. 하지만 $CO_2$ 배출량을 줄이는 데 들어가는 현재의 지출을 일종의 보험 정책이라고 한다면, 기온이 6℃ 상승함으로써 진정한 파국이 빚어질 가능성을 회피하는 것이야말로 그 지출을 정당화할 수 있는 주된 근거가 된다.

파리 회의에서 천명된 목표는 평균 기온 상승이 2℃를 초과하지 못하게 하고, 가능하다면 1.5℃ 이내로 억제하자는 것이었다. 돌이킬 수 없는 전환점을 넘을 위험을 줄이려면, 그것이 적절한 목표다. 그러나 문제는 '어떻게 실현할 것인가?' 하는 것이다. 이 한계를 넘어서지 않으면서 방출할 수 있는 $CO_2$의 양이 얼마인지를 추정한 값들은 최대 2배까지 차이가 난다. 이는 기후 민감도 요인이 불분명하기 때문이다. 그래서 그 목푯값은 만족스럽지 못하다. 또 한편으로, 화석연료 관계자들은 민감도 요인을 낮게 예측하는 과학적 발견을 하도록 '부추길' 것이 분명하다.

이렇게 불확실성이 있긴 하지만, 과학과 인구 및 경제 예측 양쪽에 중요한 두 가지 메시지가 있다.

1. 앞으로 20~30년 안에 지역적인 날씨 패턴의 교란으로 식량과

물 사정이 나빠질 것이고, 더 극단적인 기상 사건들이 일어날 것이며, 이주가 일어날 것이다.

2. 세계가 화석연료에 계속 의지하는 '하던 대로 살아가기' 시나리오에서는 금세기 후반에 진정으로 파국적인 온난화가 일어나서 그린란드의 빙모가 녹는 등 장기적인 추세를 촉발할 전환점을 돌 가능성이 있다.

그러나 이 두 예측을 받아들이고 앞으로 한 세기 안에 기후 파국이 일어날 위험이 상당히 크다는 데 동의하는 이들이라고 해도, 현재 그들이 주장하는 행동이 얼마나 절박한지를 놓고서는 의견이 갈릴 것이다. 그들의 평가는 미래 성장의 기대 수준과 기술 해결책에 관한 낙관론에 달려 있을 것이다. 그러나 한 가지 윤리적 현안에 따라 크게 달라진다는 점에는 이견이 없다. '미래 세대의 이익을 위해 우리 자신의 만족을 얼마나 제한해야 하는가'라는 문제다.

비외른 롬보르Bjørn Lomborg는《회의적 환경주의자The Skeptical Environmentalist》라는 책을 출간함으로써 명성(기후과학자들에게는 '악귀'라는 별명)을 얻었다. 그는 지구적인 문제들과 정책에 견해를 피력하고자 경제학자들로 이뤄진 코펜하겐 컨센서스 Copenhagen Consensus를 개최해왔다.[14] 이 경제학자들은 표준 할인율을 적용하는데, 그럼으로써 사실상 2050년 이후에 일어날 일을 아예 논외로 친다. 그들이 세계의 가난한 이들을 도울 다른 방법들보다 기후 변화 대책의 우선순위를 낮게 평가하는 것도 놀랄 일이 아니다. 그 기간 내에 파국이 일어날 위험은 사실상 거의 없으니 말이다. 그러나 니콜라스 스턴Nicholas Stern[15]과 마틴 울츠만Martin Woltzman[16]이 주장하듯이, 더 낮은 할인율을 적용한다면 최악의 시나리오에 대비하여 그 미래 세대를 보호하는 데 지금 투자하는 것이 가치가 있을 것이다. 사실상 출생 연도를 토대로 차별하지 않고 22세기와 그 이후까지 살아갈 사람들을 배려해야 하기 때문이다.

비유를 하나 들어보자. 천문학자들이 한 소행성의 궤도를 추적했는데, 2100년에 지구와 충돌할 것이라는 계산 결과가 나왔다고 하자. 확실한 것이 아니라, 이를테면 그럴 확률이 10퍼센트로 나왔다고 하자. 그러면 우리는 50년 동안은 제쳐놓을 수 있는 문제라고 하면서 안도할까? 그때쯤에는 인류가 더 풍요로워질 테니, 어떻게든 지구와 충돌하지 않게 만들 수 있을 거라고 하면서? 나는 우리가 그럴 거라고는 보지 않는다. 당장 나서서 충돌을 막거나 충돌의 영향을 줄일 방법을 찾기 위해 최선을 다해야 한다는 쪽으로 의견 일치가 이뤄질 것이다. 현재의 아이들 중 대다수가 2100년에도 살고 있을 것이므로, 그들을 배려해야 한다고 생각할 것이다.

내친김에 말하자면, 본질적으로 0인 할인율이 적용되는 정책적 맥락이 하나 있다. 바로 방사성 폐기물 처분이라는 문제에서다. 현재 핀란드의 온칼로에 건설되고 있는 것과 같은 지하 저장고는 1만 년 또는 심지어 100만 년 동안 누출이 일어나지 않아야 한다. 다른 에너지 정책은 기껏해야 30년 앞도 내다보지 못한다는 점을 생각하면 좀 역설적이다(같은 맥락에서 미국의 유카산맥 지하에 방사성 폐기물을 처분할 시설을 세우자는 안이 나왔으나 얼마 뒤 폐기됐다).

# 청정에너지, 그리고 '플랜 B'?

각국 정부는 기후 위협에 왜 그렇게 미지근한 반응을 보일까? 주된 이유는 미래 세대, 그리고 세계의 더 가난한 지역에 사는 이들에 관한 관심이 정책의 우선순위에서 한참 뒤로 밀리기 때문이다. 이를테면 탄소세를 부과함으로써 $CO_2$ 감축을 추진하기가 어려운 이유는 그 대책의 영향이 수십 년에 걸쳐 나타날 뿐 아니라, 전 세계로 확산되기 때문이다. 2015년 파리 회의에서 5년마다 갱신하겠다는 단서까지 달아서 내놓은 약속들은 긍정적인 조치였다. 그러나 그 회의 때 주목받았던 현안들은 대중에게 지속적으로 관심을 받지 못한다면, 즉 정치인의 우편함과 언론에 계속 비치지 않는다면 우선순위에서 다시금 밀려날 것이다.

1960년대에 스탠퍼드대학교 심리학자 월터 미셸<sup>Walter</sup> Mischel은 이른바 '마시멜로 실험'이라는 유명한 실험을 했다. 그는 아이들에게 선택권을 줬다. 마시멜로를 하나 주면서 곧바로 먹으면 1개를 먹게 되지만, 15분 동안 기다리면 2개를 먹게 된다고 했다. 그는 만족을 늦추는 쪽을 택한 아이들이 자라서 더 행복하고 더 성공한 어른이 됐다고 주장했다.[17] 이 비유는 현재 각국이 직면한 난제를 쉽게 설명해준다. 단기적 보상, 다시 말해 즉각적인 만족에 우선순위를 둔다면 미래 세대의 복지가 위협받는다는 것이다. 사회적 기반 시설과 환경 정책의 계획 연도는 50년 이상 멀리까지 내다봐야 한다. 미래 세대들을 배려한다면, 부동산 개발업자가 사무용 건물을 계획할 때와 같은 할인율을 써서 미래의 혜택과 손실을 할인하는 것은 비윤리적이다. 그리고 그 할인율은 기후 정책 논쟁에서 중요한 요소다.

우리 문명이 저탄소 미래를 향해 매끄럽게 나아가기를 바라는 사람이 많다. 그러나 정치인들은 생각이 다를 것이다. 환영받지 못할 생활양식으로 바뀌어야 한다는 근본적인 접근법을 주장해서는 별 공감을 얻지 못할 것이기 때문이다. 그 변화의 혜택을 수십 년 뒤에나 볼 수 있다고 한다면 더욱 그럴 것이다. 일테면 이주보다는 기후 변화에 적응하자는 주장이 더 지지를 받기 쉬울 것이다. 적응에는 국지적인 혜택이 따라올 테니 말이다. 쿠바가 대표적인 예다. 이 나라는 해안 지역이 해수면 상승과 허리케인에 매우 취약하기에 쿠바 정부는 꼼꼼하게 백년대계를 세워놓았다.[18]

어쨌거나 정치적으로 실현 가능해 보이는 기후 변화 완화 대책은 세 가지가 있다. 사실상 거의 윈-윈 전략이라고 할 수 있다.

첫째, 모든 나라는 에너지 효율을 높일 수 있고, 그럼으로써 실제로 돈을 절약할 수 있을 것이다. 건물에 녹색 설계를 더 많이 적용하도록 유인책을 제공할 수도 있다. 녹색 설계란 단열 성능을 개선하는 것만이 아니라 건축 관습 자체를 재고하는 것을 의미한다. 예를 하나 들자면, 건물을 허물 때 강철 들보와 플라스틱 파이프처럼 잘 손상되지 않는 자재들은 재활용하는 것이다. 게다가 들보는 처음부터 더 적은 무게로 같은 강도를 발휘할 수 있도록 더 영리하게 설계할 수도 있을 것이다.

그러면 철강 생산량을 줄여도 된다. 이는 점점 더 주목받고 있는 '순환 경제' 개념의 한 가지 사례다. 순환 경제는 가능한 한 많은 물질을 재활용하는 것을 목표로 삼는다.[19]

기술 발전으로 가전제품의 효율을 높일 수 있다. 그러면 기존 제품을 버린다는 의미가 되겠지만, 적어도 개선된 제품을 제조하는 데 드는 추가 비용을 보상할 만큼은 효율이 나아져야 한다. 가전제품과 자동차는 내버리기보다는 부품을 교체함으로써 쉽게 업그레이드할 수 있도록 보다 모듈 방식으로 설계할 수도 있다. 전기 자동차의 보급도 장려할 수 있다. 아마도 2040년이면 전기 자동차가 주류가 될 것으로 보이는데, 이 전환으로 도시의 오염과 소음이 줄어들 것이다. 물론 그것이 $CO_2$의 농도에 미치는 영향은 배터리를 충전하는 전기를 어디에서 얻느냐에 달려 있다.

효과적인 행동은 마음가짐의 변화를 필요로 한다. 우리는 장기적인 것들에 가치를 부여해야 하며, 생산자와 유통업자에게 내구성을 높이라고 촉구해야 한다. 교체하기보다는 수리하거나 업그레이드하여 계속 사용할 필요가 있다. 아니면 아예 없이 살거나. 형식적인 감축은 뿌듯한 느낌을 줄 수 있을

지는 몰라도, 효과는 미흡할 것이다. 모두가 쥐꼬리만큼 행동한다면, 얻는 것도 쥐꼬리만큼에 불과할 것이다.

두 번째 윈-윈 정책은 메탄, 카본 블랙, CFC 배출량 감축을 목표로 삼는 것이다. 이런 물질들도 온실효과를 가속화한다. 게다가 $CO_2$와 달리, 예컨대 중국의 도시들처럼 국지적인 오염도 일으키므로 줄이고자 하는 동기가 더 강하다. 유럽 각국은 불리한 입장에서 오염을 줄여야 하는 상황에 처해 있다. 1990년대에 유럽에서는 연료 효율이 더 높다는 이유로 디젤차가 선호됐다. 그러나 디젤차가 미세먼지를 더 많이 배출하여 도시인의 건강을 위협한다는 사실이 드러나면서, 지금은 그 추세가 뒤집히고 있다.

가장 중요한 것은 세 번째 대책이다. 각국은 재생에너지, 4세대 원자력, 핵융합 등 모든 유형의 저탄소 에너지 생산과 전기저장 그리고 스마트 그리드smart grid(정보기술을 결합하여 전력의 생산과 이용 효율을 높인 전력망-옮긴이)를 비롯한 연관 기술의 연구개발을 더 확대해야 한다. 2015년 파리 회의의 결과 혁신 미션 Mission Innovation 사업단이 조직된 것도 그 때문이다. 이 사업단은 오바마 대통령과 인도 총리 나렌드라 모디Narendra Modi의 주도로 출범했으며 G7 국가들 외에 인도, 중국 등 11개국이 가입했다. 2020년까지 청정에너지 연구개발에 투자하는 공적 자금을 2배로 늘리고 공동 협력을 도모하는 것이 목표인데, 이 목표는 거창한 것이 아니다. 2015년 기준, 연구개발에 투자되는 공적 자금 중 2퍼센트만이 청정에너지 연구개발 분야에 쓰였다. 그 비율을 의료나 국방 분야만큼 늘리지 못할 이유는 없다. 빌 게이츠Bill Gates 같은 자선가들도 동참하겠다고 약속했다.

세계 경제에서 탈탄소화의 장애물은 재생에너지를 생산하는 비용이 여전히 비싸다는 것이다. 이 청정 기술이 더 빨리 발전할수록 가격이 더 빨리 떨어질 것이고, 그래야 개발도상국도 이용할 수 있게 될 것이다. 개발도상국의 에너지 수요는 갈수록 늘어날 텐데, 난로를 피우기 위해 장작이나 동물 배설물을 연료로 사용함으로써 그 연기 때문에 가난한 이들의 건강이 위협받고 있다. 이런 상황에서 대안이 없다면 석탄 화력 발전소를 더 많이 건설하게 될 것이다.

태양은 인류에게 필요한 전체 에너지양보다 5,000배나 많은 에너지를 지표면에 제공한다. 에너지 수요가 가장 빨리 증가할 것으로 예상되는 지역인 아시아와 아프리카에 특히 강하게 내리쬔다. 태양에너지는 화석연료와 달리 오염을 전혀 일으키지 않고, 연료를 채굴하느라 광부가 목숨을 잃을 일도 없다. 또 핵융합과 달리 방사성 폐기물도 전혀 생기지 않는다. 태양에너지는 전력망이 구축되지 않은 인도와 아프리카의 시골 마을 수천 곳에서 이미 경제성을 갖추고 있다. 그러나 더 큰 규모에서는 여전히 화석연료보다 더 비싸며, 보조금이나 발전 차액 지원 제도 덕분에 그나마 유지되고 있다. 안타깝게도 이런 보조금은 언젠가는 끊길 것이다.

태양이나 바람이 우리 에너지의 주된 원천이 된다면, 그 에너지를 저장할 방법이 있어야 한다. 그래야 태양이 없는 밤이나 바람이 불지 않는 시간에도 에너지를 공급할 수 있다. 배터리를 개선하고 규모를 키우는 쪽으로 이미 많은 투자가 이뤄져 왔다. 2017년 말 일론 머스크$^{Elon Musk}$의 기업인 솔라시티$_{SolarCity}$는 호주 남부에 리튬이온 배터리로 100메가와트 용량의 시설을 구축했다. 그 밖의 에너지 저장 방식들로는 열저장, 축전기, 압축 공기, 플라이휠$^{flywheel}$, 액체 소금, 양수 발전, 수소 등이 있다.

전기차의 보급 확대는 배터리 기술이 발전하는 데 추진력이 되어왔다. 자동차 배터리는 무게와 충전 속도 면에서 가정이나 '배터리 농장battery farm'에 쓰이는 배터리보다 더 엄격한 조건을 충족해야 하기 때문이다. 전기를 먼 거리까지 효율적으로 보낼 고압 직류high-voltage direct current, HVDC 망도 필요하다. 머지않아 대륙 간에도 이런 전력망이 구축될 것이다. 북아프리카와 스페인에서 햇빛이 적은 북유럽으로, 또 수요가 최고에 달하는 시간대가 이동하는 데 따라 북아메리카와 유라시아간에 동서로 태양에너지를 전송하는 망이다. 전 세계를 위한 청정에너지 시스템을 고안하는 것만큼 젊은 공학자들을 자극하는 도전 과제도 없을 것이다.

　태양과 바람 외의 발전 방법들은 지리적 특성을 지닌다. 지열발전은 아이슬란드에서 쉽게 이용할 수 있다. 파력발전도 가능하지만, 파도는 바람만큼이나 변덕스럽다. 그에 비하면 밀물과 썰물은 예측이 가능하기에 조수의 에너지를 뽑아내는 것이 매력적으로 보이는데, 실제로는 지형상 조수간만의 차가 아주 큰 몇몇 지역 외에는 유망하지가 않다. 조수간만의 차가 15미터까지 달하는 영국의 서해안이 그런 곳 중 하나다. 몇 개의 곶과 갑 주위에서 조수가 변할 때의 빠른 유속을 이용하여 터빈을 돌려 에너지를 추출하기 위해 연구가 이뤄지고 있다. 영국 서번강의 넓은 강어귀를 가로지르는 조력발전 댐을 건설하면 원자력발전소 몇 기에 맞먹는 전력을 생산할 수 있을 것으로 예측된다. 그러나 이 방안에는 논란의 여지가 있다. 생태적 영향에 대한 우려 때문이다. 그 대안으로 조수발전 호수가 제시됐는데, 해안에 몇 킬로미터의 제방을 쌓아 호수를 조성하는 방법이다. 밀물과 썰물 때 생기는 호수 안팎의 수위 차를 이용하여 터빈을 돌린다는 생각이다. 이런 호수는 낮은 수준의 기술로 오래가는 건축물을 짓는 토목 공사에 주로 투자비가 들어가므로, 수백 년에 걸쳐 비용을 회수할 수 있다는 장점을 지닌다.

현재 예상으로는 청정에너지원이 인류의 수요를 모두 충족시키려면, 특히 개발도상국 인구의 수요까지 충족시키려면 수십 년이 걸릴 수도 있다. 태양에너지와 수소 및 배터리를 이용한 저장으로도 부족하므로 금세기 중반까지는 여전히 보완할 시설이 필요할 것이다. 가스 발전은 탄소 격리<sup>carbon sequestration</sup>와 결합하는 방식을 사용할 수 있다. 탄소 격리란 탄소 포집과 저장<sup>carbon capture and storage, CCS</sup>을 뜻하며, 발전소에서 배출되는 가스에서 $CO_2$를 추출하여 지하에 영구 저장하는 방식이다.

일부에서는 $CO_2$ 농도를 산업혁명 이전 수준으로 줄이는 것이 바람직하다고 주장한다. 발전소에서 배출될 $CO_2$를 격리하는 것뿐 아니라 지난 세기에 배출된 $CO_2$까지 흡수해야 한다는 주장이다. 그러나 실제로 그쪽이 바람직한지는 분명치 않다. 20세기 세계 기후가 '최적'이라고 장담할 수가 없기 때문이다. 기후가 최적 상태에서 벗어났기 때문이 아니라 인류가 일으킨 변화의 속도가 과거에 일어났던 자연적인 변화의 속도보다 더 빨랐고, 그럼으로써 우리나 자연 세계가 적응하기 쉽지 않다는 점이 문제를 일으킨 것이니 말이다.

그러나 이 감축이 가치가 있다고 생각한다면, 그것을 달성할 방법이 두 가지 있다. 하나는 대기에서 직접 추출하는 것이다. 가능하긴 하지만, 대기 중 $CO_2$는 0.02퍼센트에 불과하므로 비효율적이다. 또 한 가지 기술은 작물을 기르는 것이다. 작물이 대기에서 $CO_2$를 흡수하기 때문이다. 그 작물을 바이오 연료로 사용하되, 그 연료가 탈 때 배출되는 $CO_2$를 포집하여 땅속 깊이 묻으면 된다. 원리상으로는 아무 문제가 없지만, 바이오 연료를 재배하기 위해 토지(본래 식량을 재배하는 데 쓰거나 천연림으로 보존되어야 할)가 필요하고 수십억 톤의 $CO_2$를 영구 격리한다는 것이 수월하지 않기 때문에 문제가 된다. 하지만 앞으로는 '인공 잎'을 써서 $CO_2$를 직접 연료로 전환하는 등 더 발전한 기술도 나올 수 있다.

원자력발전은 어떤 역할을 할까? 나는 영국과 미국이 적어도 원자력발전소라는 대체 발전 방안을 지니고 있기를 바란다. 다만 발생 가능성이 아주 희박하다고 할지라도 원자력발전소의 사고 위험은 불안을 일으킨다. 그런 사고는 반대하는 견해를 대중적·정치적으로 순식간에 불타오르게 할 수 있다. 2011년 후쿠시마 다이치 발전소에서 재난이 발생한 뒤, 일본뿐 아니라 독일에서도 반핵 정서가 치솟았다. 게다가 우라늄을 풍족하게 공급하고 폐기물을 제거하여 저장할 연료 은행이 국제적인 규제 속에 구축되지 않는다면, 전 세계의 원자력발전 사업을 편한 마음으로 바라볼 수 없다. 원자력발전에는 엄격한 안전 규약이 만들어져야 하며, 방사성 물질을 무기 생산에 이용하지 못하도록 규제하는 엄격한 핵무기 확산 금지 조약도 필요하다.

널리 보급된 원자력에 양가감정이 있긴 하지만, 다양한 4세대 원자로 개념에 관한 연구개발을 장려하는 것은 가치가 있다. 4세대 원자로는 규모를 더 작게 만들 수 있고 더 안전할 수도 있다. 하지만 원자력 산업은 지난 20년 동안 상대적으로 휴면 상태에 있었으며, 현재의 설계는 1960년대나 그 이전에 나온 것이다. 특히 꽤 많이 지을 수 있고 공장에서 미리 조립하여 건설 현장으로 운반할 수 있을 만큼 작게 표준화한 모듈 원자로는 경제성 측면에서 연구할 가치가 있다. 게다가 1960년대에 나온 몇몇 설계 역시 재검토할 가치가 있다. 특히 토륨 기반의 원자로가 그렇다. 토륨은 지구 지각에 우라늄보다 풍부하게 존재하며, 덜 해로운 폐기물이 나온다는 점에서 유리하다.

핵융합을 이용하려는 시도는 1950년대부터 이뤄져 왔지만, 실현 시기는 점점 늦춰지고 있다. 상업적인 핵융합 발전은 여전히 적어도 30년 뒤에나 가능할 것으로 보인다. 자기력을 써서 태양의 중심 온도만큼 뜨거운 섭씨 수백만 도의 기체를 가두고, 지속적으로 쏟아지는 방사선을 견딜 수 있는 반응로를 만들 물질을 고안하는 것이 해결 과제다. 비용이 엄청나겠지만, 핵융합이 제공할 보상이 그에 못지않게 크므로 개발을 지속할 가치가 있다. 그런 노력 중 규모가 가장 큰 것이 프랑스에 있는 국제핵융합실험로International Thermonuclear Experimental Reactor, ITER다. 한국, 영국, 미국에서도 규모는 더 작지만 비슷한 연구가 이뤄지고 있다. 한 가지 대안적 개념으로, 레이저 광선을 한곳에 집중적으로 쏘아서 자그마한 중수소 연료를 내파하는 방법을 미국의 로렌스리버모어 국립연구소에서 연구하고 있다. 그런데 이 국립점화시설National Ignition Facility은 주로 수소폭탄 실험을 실험실 규모에서 대신하는 용도의 국방 과제이며, 핵융합의 제어라는 목표는 정치적 위장용이다.

대중은 방사선에 지나친 두려움을 보이는데, 공포 요인 dread factor과 무력감helplessness이라는 용어가 그 감정을 잘 표현한다. 그 지나친 걱정 때문에 아주 낮은 수준의 방사선을 뿜어내는 핵분열과 핵융합 연구 과제들까지 지장을 받는다.

2011년 일본을 강타한 쓰나미는 3만 명의 목숨을 앗아갔다. 익사한 사람이 대부분이었다. 또 후쿠시마 다이치 원자력 발전소도 파괴했다. 그 발전소는 15미터 높이의 해일을 막기에는 부족했고, 설계도 미흡했다. 한 예로, 비상 발전기가 저지대에 설치되어 있어서 물에 잠기는 바람에 작동하지 않았다.

그 결과 방사성 물질이 새어 나와 확산됐다. 주변 마을 주민들의 대피도 엉성하게 이뤄졌다. 처음에는 발전소에서 3킬로미터 이내에 있는 주민들만을 대피시켰다가 다시 20킬로미터로, 이어서 다시 30킬로미터까지 범위를 확대했다. 게다가 바람을 통해 오염물이 확산되는 양상을 고려하여 대피 범위를 결정했어야 하는데 그 점도 제대로 고려하지 않았다. 그래서 세 번이나 이주를 해야 했던 이들도 있었다. 일부 마을은 지금도 비어 있으며, 그 지역에서 오랫동안 살아온 주민들의 생활은 엉망이 됐다. 사실 그들에게는 방사선에 노출될 위험보다 당뇨병 같은 건강 문제들과 정신적 외상이 더 심각한 피해를 주는 것으로 드러났다. 많은 피난민, 특히 노인들은 자신들에게 친숙한 환경에서 살아갈 자유를 준다면 상당한 발암 위험을 감수하고서도 기꺼이 받아들일 것이다. 그들에게는 그런 선택권을 주어야 한다. 마찬가지로 체르노빌 재앙 때도 대규모 주민 이주가 이뤄졌는데, 그 피난민들에게 가장 좋은 방안이 무엇이었는지를 생각하면 대규모 이주는 불필요한 일이었다.

저준위 방사선의 위험에 관한 지나치게 엄격한 지침은 원자력발전의 경제성을 평가절하하게 한다. 스코틀랜드 북부에서는 던레이 실험용 고속 증식로가 폐쇄된 뒤에 2030년까지 임시 정화를 위해 수십억 파운드가 들어갈 예정이다. 물론 그 뒤로도 수십 년 동안 추가 비용이 들어갈 것이다. 영국의 셀라필드 핵 재처리 시설 부지를 녹지로 복원하는 데에는 다음 세기까지 거의 1억 파운드의 예산이 들어갈 것이다.

또 한 가지 정책적 관심사는 이것이다. 도심이 '더러운 폭탄dirty bomb'의 공격을 받는 것이다. 다시 말해 방사성 물질을 두른 재래식 화학물질이 폭발하는 공격을 받는다면, 일부 대피가 필요할 것이다. 그러나 후쿠시마의 사례에서처럼, 현재의 지침은 소개의 범위와 지속 시간 양 측면에서 지나친 극약 처방을 내리곤 한다. 원자력 사고 직후는 균형 잡힌 논쟁을 하기에 적절한 시기가 아니다. 하지만 지금이라도 이 주제를 재평가하여 명확하고도 적절한 지침을 널리 보급해야 한다.

✳ ✳ ✳

기후 전선에서는 실제로 어떤 일이 일어날까? 나는 에너지 생산에서 탄소를 제거하려는 정치적 노력이 추진력을 얻지 못할 것이고, 설령 파리 회의의 약속이 지켜진다고 할지라도 대기의 $CO_2$ 농도가 앞으로 20년 동안 더 빠른 속도로 증가할 것으로 본다. 상당히 비관적인 입장이다. 그때쯤 되면 우리는 수증기와 구름의 되먹임이 실제로 얼마나 강한지를, 더 장기간에 걸친 자료와 더 나은 모델링을 통해서 훨씬 더 확신하게 될 것이다. 기후 민감도가 낮다면 우리는 안도할 것이다. 그러나 높다면, 그리고 그 결과 기후가 위험한 궤도로 돌이킬 수 없이 빠져드는 듯하다면 과격한 조치panic measures를 취하라는 압력이 가해질 것이다. IPCC 5차 보고서에 나온 가장 가파른 기온 증가 시나리오가 이를 보여준다. 이때 '과격한 조치'에는 차선책이 포함될 수 있다. 화석연료를 사용하는 모든 발전소에 탄소 포집과 저장 시설을 갖추게 하여 $CO_2$가 대기로 배출됨으로써 일어날 효과를 억제하는 것이다. 그런 조치는 화석연료에 계속 의존하려는 이들에게 치명적인 타격을 입힐 것이다. 대대적인 투자가 필요할 것이기 때문이다.

지구공학을 통해 기후를 적극적으로 통제할 수 있다는 주장도 있는데, 이는 더 큰 논쟁거리다.[20] 지구 상층 대기에 빛을 굴절시키는 에어로졸을 뿌리거나, 더 나아가 우주에 방대한 차양을 설치하는 방식으로 온실 효과나 온난화를 막을 수 있다는 주장이다. 세계의 기후를 바꿀 만큼 성층권에 물질을 충분히 뿌리는 일은 실현 가능해 보인다. 오히려 어느 한 국가, 아니 어느 한 기업의 자원만으로도 해낼 가능성이 있다는 점에서 섬뜩하게 느껴진다. 그런 지구공학은 크나큰 정치적 문제들을 일으킬 수 있다. 의도하지 않은 부작용이 발생할 수 있기 때문이다. 게다가 그런 대책들이 중단되기라도 하면 온난화는 되돌아와서 보복을 할 것이고, 계속 농도가 높아지고 있는 $CO_2$의 또 다른 영향들도 심화될 것이다. 특히 대양의 산성화라는 해로운 결과가 나올 수 있다.

이런 유형의 지구공학은 심각한 정치적 악몽을 일으킬 것이다. 모든 나라가 같은 방식으로 기온을 조절하기를 원할 리가 없기 때문이다. 게다가 어떤 인위적인 개입이 특정 지역에 어떤 영향을 미칠지를 계산하려면 아주 정교한 기후 모델링이 필요하다. 나빠진 날씨를 어느 개인이나 국가의 탓으로 돌릴 수 있다면, 변호사들은 횡재를 할 것이다! 물론 불안감을 일으키지 않을 다른 유형의 대책도 있다. 대기에서 직접 $CO_2$를 추출하는 방법이다. 앞서 살폈듯이, 지금은 경제적으로 실현 가능성이 없어 보이지만 인류가 화석연료를 태움으로써 저질러 온 잘못을 단지 되돌리는 것이므로 반대할 근거는 없다.

지구공학이 그다지 끌리지 않는 특징들을 지니고 있긴 하지만, 명확히 살펴볼 가치는 있다. 지구공학적으로 어떤 대안들이 있는지 이해하고, 기후와 관련하여 기술적인 미봉책에 대한 지나친 낙관론을 잠재울 수도 있을 것이기 때문이다. 또 그런 대안들이 야기할 복잡한 정책 현안들을 미리 솎아내는 것도 현명할 것이다. 기후 변화로 긴박한 행동을 취하라는 압력이 심각해지기 전에 이런 현안들을 명확히 하는 것이 바람직하다.

서문에서 강조했듯이, 지금은 인류가 처음으로 지구 전체의 서식지에 영향을 끼칠 수 있게 된 시대다. 기후, 생물권, 천연자원 공급 등 모든 측면에서 그렇다. 지난 몇십 년 동안 일어난 변화는 과거 지질학적 시간에 걸쳐 일어났던 자연적 변화보다 훨씬 빠르다. 그렇다 해도 집단 또는 국가 차원에서 대응 계획을 수립할 시간을 확보할 수 있을 만큼은 느리다. 기후 변화를 완화하거나 그 변화에 적응하고 생활방식을 바꿀 시간 말이다. 비록 이 책 전체를 관통하는 우울한 주제가 기술적으로 바람직한 것과 실제로 일어나는 것 사이에 격차가 있다는 것이긴 하지만, 그런 적응은 원리상 가능하다.

우리는 신기술의 복음주의자가 되어야 한다. 지금까지 신기술이 없었다면 이전 세대보다 더 나은 삶을 살도록 해준 것들 중 상당수가 존재하지 않았을 것이다. 기술이 없다면, 숫자가 계속 늘어나고 요구하는 것도 점점 더 많아지는 인류에게 식량과 에너지를 제공할 수 없다. 다만 우리는 기술의 방향을 현명하게 이끌어야 한다. 재생 가능한 에너지 시스템, 의학 발전, 첨단 기술을 이용한 식량 생산 등이 현명한 목표다. 지구공학 기술은 아마 그렇지 않을 것이다. 그런데 과학적 및 기술적 돌파구가 너무나 빨리 그리고 예측할 수 없이 일어나므로, 우리가 미처 제대로 대처할 수 없을지도 모른다. 단점을 피하면서 혜택을 얻는 것이 우리의 도전 과제가 될 것이다. 이어지는 장에서는 이런 신기술의 약속과 위험 사이의 긴장을 다루기로 하자.

# ON THE FUTURE

온 더 퓨처

## CHAPTER 2

## 지구 인류의 미래

# 생명공학

로버트 보일<sup>Robert Boyle</sup>은 기체의 압력과 부피 사이의 관계를 밝힌 과학자로, '보일의 법칙'으로 잘 알려져 있다. 그는 오늘날 영국의 과학원 역할을 하는 런던 왕립학회를 공동 창립한 '창의적이면서 호기심 많은 신사' 중 한 명이었다. 그 신사들은 스스로를 '자연철학자'라고 했다('과학자'라는 용어는 19세기까지 존재하지 않았다). 저술을 통해 그들에게 깊은 영향을 끼친 프랜시스 베이컨<sup>Francis Bacon</sup>의 말을 빌리자면, 그들은 계몽 자체를 추구하는 '빛의 상인<sup>merchant of light</sup>'이었다. 또한 그들은 당대의 문제들에 관여하며, 다시 베이컨의 말을 빌리자면, "인간 지위의 구원"을 목표로 하는 현실적인 사람들이기도 했다.

보일은 박식가였다. 1691년 그가 세상을 떠난 뒤 서류들 속에서 공책이 발견됐는데, 거기에는 인류에게 유익할 발명들을 적은 '위시 리스트wish list'가 있었다.[1] 당시의 예스러운 방식으로, 그는 이런저런 발전이 이뤄지리라고 상상했다. 그중에는 이뤄진 것도 있고, 300여 년이 흐른 지금까지 이뤄지지 않은 것도 있다. 다음은 그 리스트의 일부다.

- 수명 연장
- 젊음, 아니 적어도 젊음의 표지 중 일부의 회복: 새로운 치아나 젊을 때 새로 나던 머리 색깔 등
- 비행 기술
- 물속에서 오래 머물면서 자유롭게 활동할 수 있는 기술
- 엄청난 힘과 민첩성: 몸부림치는 간질 환자와 히스테리 환자가 보여주는 것과 같은
- 씨앗에서 싹이 나 자라는 것들의 생산 속도 증가
- 포물선과 쌍곡선 형태의 유리 제조
- 경도를 찾는 실용적이고 확실한 방법
- 강력한 약물: 상상·각성·기억 등의 기능을 높이거나 바꾸고,

통증을 줄이고, 푹 자게 하고, 무해한 꿈을 꾸게 하는 등의

- 지속성을 띠는 불빛

- 광물, 동물, 식물의 종 전환

- 거대한 규모 실현

- 많은 잠을 잘 필요성에서의 해방: 차의 효과, 광인에게서 일어 나는 일, 깨어 있게 하는 각성제가 보여주듯이 [2]


보일과 같은 17세기 사람들은 현대 세계를 보고 놀랄 것이다. 고대 로마인이 보일이 살던 세계를 보고도 놀라겠지만, 아마 그보다 훨씬 더할 것이다. 게다가 많은 변화가 여전히 급속도로 진행되고 있다. 생명공학, 정보기술, 인공지능 등과 같은 새로운 기술들은 10년 앞도 예측하기 어려운 방식으로 변모할 것이다. 이 기술들은 우리의 혼잡한 세계를 위협하는 위기들에 새로운 해결책을 제공할 것이다. 그런 반면, 금세기를 헤쳐나가기 어렵도록 취약성을 만들어낼 수도 있다. 앞으로의 발전은 수많은 연구실에서 새로 이뤄지는 발견들에 달려 있을 것이므로, 발전 속도는 특히 예측 불가능하다. 예를 들어, 20세기 물리학을 토대로 한 원자력을 증기와 전기가 변화시

킨 19세기의 모습들과 비교해보라.

생명공학의 한 가지 인상적인 추세는 유전체 서열을 분석하는 비용이 급감해왔다는 것이다. '인간 유전체 초안'은 거대 과학 big science(인력과 예산이 대규모로 투여되고 정부의 정책적 지원이 필수인 과학-옮긴이)이었다. 무려 30억 달러의 예산이 사용된 국제적인 계획이었으며, 2000년 6월 분석이 완성됐을 때 백악관 기자회견을 통해 결과가 발표됐다. 그러나 그 비용은 2018년에는 1,000달러 이하로 떨어졌다. 우리 모두가 쉽게 자신의 유전체 서열을 분석하는 날이 머지않아 올 것이다. 그러면 자신이 특정한 질병에 걸릴 확률이 높은 유전자를 지니고 있는지를 정말로 알고 싶으냐는 질문이 제기될 것이다.[3]

그것과 맥락을 같이하는 발전이 하나 더 이뤄졌다. 유전체를 더 빠르고 더 저렴하게 합성하는 능력이다. 이미 2004년에 소아마비 바이러스가 합성됨으로써, 앞으로 어떤 일이 벌어질지를 예고했다. 2018년에는 그 기술이 훨씬 더 발전했다. 크레이그 벤터 Craig Venter는 미국의 생명공학자이자 사업가로서 유전자 합성기를 개발하고 있다. 사실상 유전암호용 3D 프린터다. 설령 짧은 유전체만 복제할 수 있다고 해도, 다양한 분야에 적용할 수 있다. 일테면 백신용 유전암호를 전 세계로 전송함으로써 새로운 유행병을 막을 백신을 즉시 전 세계에 보급할 수도 있다. 그런데 사람들은 '자연에 맞서고' 위험을 제기하는 듯한 혁신에 불편함을 느낀다. 예를 들어, 과거에는 백신 접종과 심장 이식이 논쟁을 불러일으켰다. 더 최근에는 배아 연구, 미토콘드리아 이식, 줄기세포가 우려 대상이 됐다.

나는 영국에서 벌어지는 논쟁을 유심히 지켜봤는데, 이 논쟁은 14일째의 배아까지 실험할 수 있도록 법률을 제정하는 것으로 결론이 났다. 이 논쟁은 잘 다뤄졌다. 즉 연구자, 의회 의원, 대중 사이에 건설적인 대화가 이뤄졌다는 뜻이다. 가톨릭 쪽은 반론을 제기하면서 14일 된 배아가 신체 구조를 갖춘 '호문쿨루스homunculus(미소인간)'라고 기술한 소책자를 돌리기도 했다. 과학자들은 그 관점이 심각한 오해를 불러일으킨다는 점을 올바로 지적했다. 그런 초기 단계의 배아는 사실 현미경을 들이대야만 보이는, 아직 분화가 이뤄지지 않은 세포 집단일 뿐이다. 더러는 궤변에 가까운 반론을 제기하는 이들도 있었는데, 그들은 "나도 안다. 하지만 그래도 신성한 존재다"라고 주장했다. 과학은 그런 믿음에는 아무런 반론도 제기할 수 없다.

　대조적으로 GM 작물과 동물을 둘러싼 논쟁은 영국에서 더 엉성하게 다뤄져 왔다. 대중이 논쟁에 제대로 참여하기도 전에 거대 농화학 기업인 몬샌토Monsanto와 환경보호론자들이 이미 대립하고 있었다. 몬샌토는 개발도상국의 농민들에게 해마다 종자를 구입하게 함으로써 농민들을 착취한다는 비난을 받고 있었다. 일반 대중은 신문에 실리는 이른바 '프랑켄슈타인 식품'이라는 선전 문구에 영향을 받았다. 과학자들이 밤에 형광물질을 발산하는 토끼를 '만들어냈다'는 기사를 볼 때면, 사람들은 어딘가 꺼림칙함을 느낀다. 서커스에 동원되는 동물들을 볼 때 많은 이들이 느끼는 혐오감보다 더 지독한 형태라고 할 수 있다.

　3억 명에 달하는 미국인이 거의 10년 동안 GM 작물을 먹어왔지만 아무런 탈이 없었다. 그런데도 여전히 유럽연합 내에서는 GM 작물에 엄격한 제약이 가해지고 있다. 앞서 언급했듯이, GM 식품 반대 진영은 심지어 영양 부족에 시달리는 아이들에게 GM 식품을 공급하려는 노력도 방해해왔다. 우리가 진정으로 걱정해야 할 문제는 GM 작물이 아니라 밀, 옥수

수 같은 주요 작물들의 유전적 다양성이 줄어듦으로써 질병에 점점 더 취약해져 간다는 점이다. 이는 세계 식량 공급에 큰 차질을 가져올 수 있다.

크리스퍼 유전자 가위<sup>CRISPR/Cas9</sup>라는 새로운 유전자 편집 기술은 이전 기술들보다 사람들이 더 쉽게 받아들일 수 있는 방식으로 유전자 서열을 수정할 수 있다. 유전자 서열을 조금 바꿈으로써 손상된 유전자를 억제하거나 발현 양상을 바꿀 수 있는데, '종간 장벽<sup>species barrier</sup>'을 넘지는 않는다. 사람에게서는 특정한 질병의 원인인 유전자 하나를 제거하는 데 쓰는 것이 유전자 편집 기술을 가장 이로우면서 논란의 여지가 없도록 이용하는 방식이다.

일찍이 시험관 수정<sup>In vitro fertilisation, IVF</sup>은 크리스퍼 가위보다 몸에 칼을 덜 대는 방식으로 손상된 유전자를 제거해왔다. 호르몬을 투여하여 배란을 유도함으로써 난자 몇 개를 채취한 다음, 체외에서 수정을 시켜 배아 초기 단계까지 배양하는 방법이다. 그 배아에서 세포 하나를 떼어내 안 좋은 유전자가 있는지 검사한 후, 없다는 것이 드러나면 배아를 자궁에 착상시켜서 정상적으로 임신 과정이 진행되게 한다.

현재는 특정한 범주의 잘못된 유전자들을 대체할 수 있는 기술도 나와 있다. 세포의 유전물질 중 일부는 미토콘드리아라는 소기관에 들어 있다. 즉 세포핵에 들어 있는 유전물질과 별개로 존재한다. 문제가 생긴 유전자가 미토콘드리아에 들어 있다면, 그 미토콘드리아를 다른 여성에게서 얻은 미토콘드리아로 대체할 수 있다. '부모가 세 명인 아기'가 나오는 셈이다. 2015년 영국 의회는 이 기술을 합법화했다. 유전자 편집 기술로 세포핵에 든 DNA를 수정하는 것이 그다음 단계가 될 것이다.

대중은 해로운 무언가를 제거하기 위해 인위적으로 의학적 개입을 하는 것, 그리고 비슷한 기술을 강화하는 쪽으로 적용하는 것을 명확히 구분해서 본다. 몸집이나 지능 같은 대부분의 형질은 여러 유전자가 관여함으로써 만들어진다. 일단 수백만 명의 DNA 서열이 밝혀지고 나면, 인공지능을 이용한 패턴 인식 방법을 써서 어떤 유전자들의 조합이 관여하는지를 파악할 수 있게 될 것이다. 이 지식은 단기적으로는 시험관 수정에서 배아를 선택하는 데 이용할 수 있을 것이다.

그러나 유전체 자체를 수정하거나 재설계하는 과정은 아

직 먼 미래의 일이다. 더 위험하면서 의구심을 일으키는 일이기도 하고 말이다. '맞춤 아기designer baby'는 그런 일이 가능해진 뒤에야, 그리고 DNA 서열을 원하는 대로 인공으로 합성할 수 있게 된 뒤에야 구상하거나 잉태할 수 있을 것이다. 흥미로운 점은 이런 방식으로 자녀를 '강화'하려는 부모의 욕구가 얼마나 강한지가 불분명하다는 것이다. 특정한 질병이나 장애에 걸릴 성향을 제거하는 데 쓰일 더 실현 가능한 단일 유전자 편집 기술에서는 욕구가 분명히 드러나는 것과 대조된다.

1980년대에 맞춤 아기를 임신할 수 있게 해주겠다는 취지로 캘리포니아에 정자선택보관소Repository for Germinal Choice가 설립됐다. 노벨상 수상자의 정자 등 엘리트 기증자들만의 정자를 보관한다는 일종의 정자은행이다. 트랜지스터를 공동 발명한 공로로 노벨상을 받은 윌리엄 쇼클리William Shockley도 기증자 중 한 명이었는데, 말년에 우생학을 지지하고 나섬으로써 악명을 얻었다. 그는 자신의 정자를 원하는 사람이 없다는 것을 알고 의아해했지만, 대다수의 사람은 당연하다고 생각했을 것이다.

의학과 수술법이 이미 이룬 발전들, 그리고 앞으로 수십 년 동안 이뤄질 발전들은 장단점을 따졌을 때 인류에게 축복을 줬다는 찬사를 받을 것이다. 그렇긴 해도 몇 가지 첨예한 윤리적 문제를 일으킬 것이다. 특히 삶의 시작과 끝에 놓인 이들을 치료하는 문제를 둘러싸고 딜레마가 더욱 부각될 것이다. 건강수명이 길어진다는 점은 환영받을 일이다. 그러나 노년에 건강을 유지하면서 살아갈 수 있는 기간과 극단적인 수단을 써서 연장할 수 있는 수명 사이의 격차가 점점 벌어지면서 점점 더 문제가 되고 있다. 많은 이들은 삶의 질과 예후가 어떤 수준 이하로 떨어지자마자, 소생술을 결코 쓰지 말고 오로지 완화 치료만 해달라고 요구할 것이다. 우리는 악화되는 치매 때문에 여러 해 동안 꼼짝도 못 하게 되는 상황을 끔찍하게 여긴다. 치매는 재산뿐 아니라 연민의 마음도 소진케 하는 질병이다. 마찬가지로 우리는 '극도의 조산이나 회복 불가능한 손상을 입은 아기를 구하려는 노력이 너무 지나친 것 아닌가' 하는 의문에도 대처해야 한다. 예를 들어, 2017년 말에 영국의 외과 의료진은 심장이 몸 밖에 나온 상태로 태어난 아기를 살리기 위해 엄청난 노력을 쏟으며 헌신했다.

　벨기에, 네덜란드, 스위스, 미국의 몇몇 주는 조력사<sup>assisted</sup>

dying를 합법화했다. 말기 질환에 시달리는 정신이 온전한 사람이 도움을 받아서 평온한 죽음을 맞이할 수 있도록 하기 위해서다. 그 덕분에 친척이나 의료진은 자살을 방조했다는 죄목으로 처벌받을 걱정 없이 필요한 절차를 수행할 수 있다. 영국에서는 아직 그런 행위가 합법화되지 않았다. 무엇보다도 영국에서는 근본적인 신앙, 그런 행위에 참여하는 것이 의사의 윤리 규정에 반한다는 견해, 취약한 이들이 가족이나 주변 사람들에게 너무 부담을 주지 않을까 하는 지나친 걱정 때문에 조력사를 택하도록 압박을 느낄 수도 있다는 주장이 반대의 근거가 되고 있다. 대중의 80퍼센트가 조력사를 지지하고 있음에도, 영국 의회는 여전히 법률을 제정하지 않으려 한다.

나도 그 80퍼센트에 속한다. 그 대안을 택할 수 있다는 사실을 아는 것만으로도 많은 이들은 마음이 편해질 것이다. 실제로 택하는 수는 그보다 적겠지만 말이다. 현대 의학과 수술법은 우리 생애 대부분에 걸쳐서 우리 대다수에게 분명히 혜택을 주며, 우리가 더 오래 건강한 삶을 살 수 있게 해줄 발전이 앞으로 수십 년 동안 더 이뤄질 것으로 예상할 수 있다. 그렇긴 해도, 나는 규정된 조건이 충족된 상태에서 안락사

euthanasia를 할 수 있도록 합법화하라는 압력도 강해질 것으로 예상한다.

의학의 발전이 가져온 또 한 가지 결과는 삶과 죽음의 경계가 모호해졌다는 것이다. 현재 죽음은 대개 뇌사<sup>brain death</sup>로 정의된다. 즉 측정 가능한 모든 뇌 활성 신호가 사라지는 시점이다. 장기 이식을 하는 외과의들은 장기를 적출할 적절한 시점을 판단할 때 바로 이 기준을 적용한다. 그러나 뇌사 이후에 심장을 인위적으로 다시 뛰게 할 수 있다는 주장들이 나오면서 그 경계선은 더욱 모호해지고 있다. 심장을 다시 뛰게 하는 이유는 그저 떼어낼 장기를 더 오래 '신선한' 상태로 유지하기 위해서다. 이에 따라 장기 이식 수술은 더욱더 도덕적 혼란에 빠져든다. 가난한 방글라데시인들에게 접근하여 콩팥 같은 장기를 팔라고 유혹하여, 그렇게 얻은 장기를 부유한 이식 대기자들에게 제공함으로써 엄청난 이익을 얻는 중개인들이 활동하고 있다. 또 아픈 아이의 어머니가 TV에 나와서 장기 기증자가 절실히 필요하다고 호소하는 가슴 아픈 광경도 종종 볼 수 있다. 다시 말해, 아마도 치명적인 사고로 죽어가고 있는 다른 아이가 장기를 제공하기를 절실히 원한다는 것이다. 장기

기증자가 부족한 상황뿐 아니라, 이런 도덕적 모호함도 이종 간 장기 이식(돼지 같은 동물들의 장기를 떼어내 인체에 이식하는 것)이 안전하게 널리 쓰일 때까지는 계속 남아 있을 것이다. 아니, 사실상 더 심화될 것으로 전망한다. 그보다는 인조 고기를 만들기 위해 개발된 것과 비슷한 기술로 이식할 장기를 3D 프린터로 인쇄하는 쪽이 더 나을 수 있다. 그런 기술을 개발하는 과제를 우선순위에 놓아야 할 것이다.

미생물학, 그러니까 진단, 백신, 항생제 분야의 발전은 건강을 유지하고 질병을 통제하고 유행병을 막는 데 기여한다. 그러나 그런 혜택은 병원체의 위험한 역공을 촉발해왔다. 세균을 억제하는 데 쓰이는 항생제에 세균이 면역력을 획득함으로써 항생제에 내성을 띠는 현상이 늘어나고 있다. 다윈의 자연선택이 촉진된 결과인데, 결핵이 다시 유행하는 것이 대표적인 예다. 새로운 항생제가 개발되지 않는다면, 예컨대 수술 후의 감염 위험이 한 세기 전의 수준으로 다시 치솟을 것이다. 단기적으로는 항생제 남용(일테면 소에게 투여하는 등)을 막고 새로운 항생제를 개발할 동기를 자극하는 것이 시급하다. 설령 그런 항생제가 장기간에 걸쳐 쓰이는 약물보다 제약회사에 수

익을 덜 안겨준다고 해도 말이다.

　그리고 더 나은 백신을 개발하려는 희망을 품고 이뤄지는 바이러스 연구도 논란의 여지를 안고 있다. 예를 들어, 2011년에 네덜란드 연구진과 미국 위스콘신의 연구진은 더 악성이고 전염성도 더 강한 H5N1 독감 바이러스를 너무나도 쉽게 만들어낼 수 있음을 보여줬다. 실제 자연 상태에서는 그 두 특징이 서로 음의 상관관계를 보이는데도 그렇다. 이런 실험을 정당화하는 근거는 자연적으로 일어나는 돌연변이보다 한 걸음 더 앞선 상태를 유지한다면 늦지 않게 백신을 만들어내기가 더 쉬워질 것이라는 주장이다. 그러나 많은 이들은 이런 혜택보다는 위험한 바이러스가 뜻하지 않게 새어 나가 피해를 줄 위험, 그리고 그런 기술들이 보급되면서 생물학적 테러에 쓰일 가능성이 더 크다고 본다.

　2014년에 미국 정부는 이와 같은 이른바 '기능 획득 실험'에 연구비를 지원하지 않기로 했지만, 2017년에 금지 조치가 풀렸다. 그리고 2018년에 마두 바이러스(말의 천연두 바이러스)를 인공으로 합성했다는 연구 논문이 발표됐다. 이는 천연두 바이러스도 비슷하게 합성할 수 있다는 의미를 담고 있다.[4] 캐나다 앨버타주 에드먼턴의 연구진이 진행한 연구인데, 이를 과연 정당화할 수 있는지 의문을 제기하는 이들도 나왔다. 안전한 천연두 바이러스가 이미 존재하고 보관되어 있기 때문이다. 설령 연구 자체를 정당화할 수 있다고 해도 그 연구 결과를 발표한 것이 잘못이라고 주장하는 이들도 있다.

앞서 말했듯이, 사람의 배아에 크리스퍼 유전자 가위 기술을 적용하는 실험은 윤리적 우려를 일으킨다. 그리고 생명공학의 급속한 발전은 실험의 안전성, '위험한 지식'의 전파, 그 지식을 적용하는 방식의 윤리성에 관한 우려를 부추기는 사례들을 더욱 자주 내놓을 것이다. 개인뿐 아니라 그 자손에게까지 영향을 미치는, 생식계통을 바꾸는 기술들은 우리의 마음을 불편하게 한다. 예를 들어 뎅기열과 지카 바이러스를 퍼뜨리는 모기 종을 불임으로 만들어 박멸하려는 시도는 90퍼센트 정도 성공을 거두었다. 영국에서는 이 유전자 드라이브gene drive 기술(특정한 유전자가 집단 전체로 빨리 퍼지도록 하는 기술로, 모기 집단에 불임 유전자를 퍼뜨리는 방식이 한 예다-옮긴이)을 회색다람쥐를 제거하는 데 쓰자는 요구가 있었다. 회색다람쥐는 더 귀여운 붉은색의 청설모를 위협하는 '해로운 동물'이라고 여겨진다. 더 온건한 전술은 회색다람쥐가 퍼뜨리는 파라폭스 바이러스에 저항할 수 있도록 청설모의 유전자를 변형하는 것이다. 비슷한 기술을 써서 침입종, 특히 곰쥐를 제거함으로써 갈라파고스 제도 특유의 생태계를 보존하자는 제안도 나오고 있다. 그러나 저명한 생태학자 크리스 토머스<sup>Chris Thomas</sup>가 최근 저서 《지구의 상속자들<sup>Inheritors of the Earth</sup>》에서 이야기한 바를 염두에 둘 필요가 있다. 그는 종의 전파가 생태계를 다양성이 더 높으면서 더 튼튼하게 하는 긍정적인 영향을 미칠 수도 있다고 주장했다.[5]

재조합 DNA 연구 초창기인 1975년에, 캘리포니아주 패시픽그루브의 애실로마 회의장에서 분자생물학계를 이끄는 과학자들이 모임을 가졌다. 그들은 어떤 실험을 하고 어떤 실험을 하지 말아야 하는지 지침을 만들기로 합의했다. 이 고무적인 듯이 보이는 선례를 본받아서, 미국 한림원은 최근의 발전들에 대해 비슷한 취지로 논의하는 회의를 몇 차례 주최했다. 그러나 첫 번째 애실로마 회의로부터 40여 년이 흐른 지금, 과학계는 훨씬 더 국제적인 양상을 띠며 상업적인 압력을 훨씬 더 받고 있다. 나는 신중해야 한다는 차원에서든 윤리적인 차원에서든 간에, 어떤 규제를 하더라도 그 규제가 전 세계적으로 이뤄질 리는 없지 않을까 생각한다. 마약법이나 조세법도 그렇지 않은가. 어떤 일이든, 세계 어딘가에서 누군가는 실험을 계속할 것이다. 그리고 그것은 악몽이다. 핵무기를 만드는 데 필요한 복잡하면서 거대한 특수 장비와 달리, 생명공학에 쓰이는 소규모 장비는 민간용과 군용이 따로 없다. 사실 바이오 해킹은 취미 활동이자 경연 형태로까지 일어나고 있다.

일찍이 2003년에 나는 이런 위험들을 우려했고, 2020년에 생물 오류bio error나 생물 테러bio terror로 100만 명이 사망할 확률이 50퍼센트라고 평가했다. 놀랍게도, 많은 동료가 재앙이 일어날 가능성을 나보다 더 높게 보고 있었다. 그런데 최근 심리학자이자 저술가인 스티븐 핑커Steven Pinker가 내게 그 확률이 맞을지를 놓고 200달러 내기를 걸었다. 나는 그 내기에서 지기를 진심으로 바라지만, 그가 《우리 본성의 선한 천사》[6]의 저자이니만큼 낙관적인 견해를 취하는 것도 놀랄 일은 아니라고 생각한다.

핑커의 그 흥미로운 책은 낙관주의로 가득하다. 그는 폭력과 갈등이 흡족할 만큼 하향 추세를 보이는 통계를 인용했다.

예전이었다면 모르고 넘어갔을 재난들까지 세계의 뉴스 네트워크가 보도하기 때문에 그 하향 추세가 가려져 있을 뿐이라는 것이다. 그러나 이 추세는 지나치게 자신감을 심어줄 수 있다. 금융 분야에서 이익과 손실은 비대칭적이다. 여러 해에 걸쳐서 꾸준히 얻은 이익이 한 번의 갑작스러운 손실로 사라질 수 있다. 생명공학과 범유행병 분야에서도 드물게 일어나는 극단적인 사건이 주로 위험을 일으킨다. 게다가 과학이 우리에게 더 많은 힘을 부여하고 있고, 우리 세계가 너무나 치밀하게 서로 연결되어 있기 때문에 일어날 가능성이 있는 최악의 재앙도 그 규모가 유례없이 커졌다. 그런데도 재앙의 가능성을 부정하는 이들이 너무 많아서 걱정이다.

범유행병으로 사회가 입을 피해만 하더라도 이전 세기들보다 훨씬 더 클 것이다. 14세기 중반의 유럽 마을들은 흑사병으로 인구의 거의 절반이 줄어들었을 때도 계속 유지됐다. 생존자들은 높은 사망률을 숙명론으로 받아들였다. 그에 비해 자부심이 아주 강한 오늘날의 부유한 나라들은 병원에 환자가 넘치거나, 유능한 직장인들이 실직을 하거나, 보건 의료 서비스가 감당할 여력이 떨어지자마자 사회 질서가 붕괴할 것이다. 감염자가 고작 1퍼센트에 불과해도 그런 일이 일어날 수 있다. 물론 사망률은 아마 개발도상국의 메가시티에서 가장 높을 것이다.

범유행병은 늘 존재하는 자연적인 위협이지만, 생물 오류나 생물 테러로 일어날 인위적인 위험을 걱정하는 것이 과연 그저 공포를 퍼뜨리는 짓에 불과할까? 안타깝게도 나는 그렇다고 보지 않는다. 우리는 기술에 정통하다고 해서 반드시 균형 잡힌 합리성을 지닌다는 의미는 아님을 잘 안다. 지구촌에도 나름의 멍청이들이 있을 것이고, 그들은 전 지구적인 규모로 멍청한 짓을 벌일 것이다. 인위적으로 유출한 병원체의 확산은 예측할 수도, 방제할 수도 없다.

이런 깨달음 때문에 정부나 심지어 나름의 명확한 목표를 지닌 테러 집단은 생물무기를 사용하는 것을 자제한다. 내 최악의 악몽은 지구에 인간이 너무나 많다고 믿으면서 얼마나 많은 사람이 감염되든 개의치 않을, 생명공학 지식을 지닌, 이성을 잃은 '외로운 늑대'의 등장이다. 해박한 전문 지식을 지닌 집단 또는 개인이 생명공학과 정보기술을 통해 얻는 힘이 점점 커질수록 정부는 다루기 힘든 과제에 대처해야 할 것이고 자유, 사생활 보호, 보안 사이의 긴장은 점점 심해질 것이다. 따라서 사회는 더 침입함으로써 사생활 보호를 덜 하는 쪽으로 나아갈 가능성이 크다. 사람들이 페이스북에서 자신의 내밀한 정보들을 경솔하게 드러내고, 곳곳에 있는 CCTV에 익숙해진다는 것은 그런 변화가 놀라울 만큼 저항 없이 이뤄지리라는 걸 시사하기도 한다.

생물 오류와 생물 테러는 가까운 미래에 가능해질 것이다. 10~15년 이내에 그럴 것이다. 그리고 더 장기적으로는 바이러스를 '설계'하고 합성할 수 있게 되면서 상황이 더 심각해질 것이다. 일반 감기의 전파력과 고도의 치사율이 결합된 궁극적인 무기가 나올 것이다.

생물학자들은 2050년 이후에는 어떤 분야를 발전시킬까? 물리학자이자 수학자인 프리먼 다이슨Freeman Dyson은 자기 세대의 아이들이 화학 도구를 만지작거리던 것처럼, 아이들이 새로운 생물을 설계하고 창조할 시대가 올 것으로 내다본다.[7] 언젠가 부엌 식탁에서 신God 놀이를 하는 것이 가능해진다면, 우리 생태계 그리고 심지어 우리 종은 그리 오래 살아남지 못할 수도 있다.

물론 다이슨은 생물학자가 아니다. 그는 20세기의 손꼽히는 이론물리학자 중 한 명이다. 그러나 그는 보통의 물리학자와 달리 괴짜이자 사변적인 사상가이며, 종종 반골 기질을 드러내곤 한다. 예를 들어, 1950년대에 그는 '오리온 계획Project Orion'이라는 사변석인 개념을 탐구하는 단체의 일원이었다. 그 단체는 완벽히 차폐된 우주선 뒤쪽에서 수소폭탄을 폭발시켜서 성간 여행을 하는 것을 목표로 삼았다. 즉 핵 펄스 추진형 우주선을 구상한 것이다. 2018년 현재까지도 다이슨은 기후 변화에 시급히 반응할 필요가 있다는 사실을 회의적으로 보고 있다.

노화 연구에는 몹시 높은 우선순위가 매겨진다. 우리 세대도 그 연구의 혜택을 점진적으로 보게 될까? 더 나아가 노화가 완치시킬 수 있는 '질병'이 될까? 염색체의 끝에 붙은 DNA 서열인 텔로미어telomeres에 초점을 맞춰서 진지한 연구들이 이뤄지고 있다. 텔로미어는 나이를 먹을수록 짧아진다. 실험실에서 선충의 수명을 열 배로 늘릴 수 있었지만, 더 복잡한 동물에게서는 그 효과가 덜 극적이었다. 쥐의 수명을 늘리는 데 효과가 있는 방법은 아주 간단하다. 거의 굶어 죽을 만큼 먹이를 줄이는 것이다. 벌거숭이두더지쥐라는 그다지 호감이 가지 않는 동물은 우리에게 몇 가지 특별한 생물학적 교훈을 줄지도 모른다. 30년 넘게 사는 개체도 있으니, 자신보다 작은 포유동물들의 수명보다 몇 배나 길다.

인간의 수명 연장 쪽으로 이뤄진 연구들은 인구 예측을 극적인 방식으로 바꿀 것이다. 물론 늙은 상태에서 살아가는 햇수가 늘어나는지, 그리고 여성의 폐경 연령이 수명 연장에 따라서 늦춰지는지에 따라서 사회적으로 미칠 효과도 크게 달라질 것이다. 인간의 내분비계를 더 잘 이해하게 된다면, 호르몬 치료를 통한 다양한 유형의 인간 강화가 가능해질 것이다. 그리고 이런 강화를 통해 수명도 얼마간 늘어날 가능성이 있다.

많은 기술이 그렇듯이, 여기서도 부유한 이들이 지나치리만치 그 혜택을 먼저 본다. 그리고 수명 연장 욕구가 너무나 강렬하기에 검증되지 않은 효험을 내세우는 별난 치료제들을 파는 시장이 출현한다. 2016년에 설립된 암브로시아Ambrosia는 실리콘밸리의 기업 경영자들에게 '젊은 피'를 수혈해주겠다고 제안했다(2019년 2월 FDA의 경고 뒤에 혈장 수혈을 중단했다 - 옮긴이). 메트포르민metformin도 최근에 열풍이 분 약물 중 하나다. 원래 당뇨병 치료에 쓰이는 약물인데, 치매와 암을 막아준다는 주장과 함께 인기를 끌었다. 태반 세포의 혜택을 찬미하는 이들도 있다. 앞서 잠깐 언급한 크레이그 벤터는 3억 달러의 투자를 받아서 휴먼롱저버티Human Longevity라는 회사를 차렸다. 유전체를 분석하여 어떤 질병에 취약한지, 조상은 누구인지 등에 관한 흥미로운 결과를 제공하는 기업 23앤미23andMe의 투자액을 넘어선다. 벤터는 우리 창자에 있는 미생물 수천 종의 유전체를 분석하는 것을 목표로 삼는다. 이 체내 생태계가 우리 건강에 중요하다고 믿기 때문이다. 매우 설득력 있는 주장 아닌가?

실리콘밸리에서 영원한 젊음을 이루고자 하는 추진력이 샘솟는 것은 그곳에 축적된 엄청난 잉여 부 때문만이 아니라 그 지역이 젊음 기반의 문화를 지닌 곳이기 때문이기도 하다. 그곳에서 30세를 넘은 이들은 '한물간' 존재로 치부된다. 미래학자 레이 커즈와일Ray Kurzweil은 비유적인 표현으로 '탈출 속도escape velocity'에 도달해야 한다고 열정적으로 설파한다. 의학이 아주 빨리 발전하여 기대수명이 해마다 1년 이상씩 늘어남으로써 사실상 영생을 누리게 되는 시기를 말한다. 그는 하루에 영양제를 100가지 이상 먹는다. 흔한 종류도 있고, 별난 종류도 있다. 그는 자신의 '자연' 수명 내에 인류가 '탈출 속도'에 도달하지 못할까 봐 걱정한다. 그래서 그 열반에 도달할 때까지 자신의 몸을 냉동시키고 싶어 한다.

캘리포니아에 있는 '비자발적인 죽음의 폐지를 위한 협회'라는 냉동 보존술 열광자 단체가 어느 날 인터뷰를 하자고 찾아왔다. 나는 캘리포니아 냉동고보다는 영국의 교회 묘지에서 생애를 마감하는 쪽을 택하겠다고 말했다. 그들은 나를 '죽음 신봉자deathist'라고 경멸했다. 정말로 고리타분한 인간이라는 얘기다. 나중에 나는 영국에서 세 명의 학자가 냉동인간이 되겠다고 계약했다는 사실을 알고 놀랐다. 두 명은 전액을 지불했고, 한 명은 머리만 냉동하겠다면서 할인 가격으로 계약했다고 한다. 계약 상대방은 애리조나주 스코츠데일에 있는 앨코어Alcor라는 기업이다. 이 학자들은 소생 확률이 낮을 수 있다는 사실을 받아들일 만큼의 현실감은 가지고 있다. 다만, 그런 투자를 하지 않으면 애초에 확률이 0이라는 것이다. 그들은 죽으면 즉시 액체 질소로 자신의 몸을 얼리고 피를 교체해 달라는 글이 적힌 메달을 걸고 있다.

언젠가는 죽게 되어 있는 존재이긴 하지만 대부분 사람은 냉동인간이 되겠다는 열망을 진지하게 받아들이기가 쉽지 않을 것이다. 게다가 나는 인체 냉동 보존술이 실제로 성공 가능성이 있다고 해도, 탄복할 만한 것이라고는 생각하지 않는다. 엘코어가 파산하지 않고 수백 년 동안 냉동고와 그 관리를 충실하게 유지한다면, 시신들은 소생하여 낯선 세계에서 이방인으로 살게 될 것이다. 과거에서 온 난민으로서 말이다. 아마 그들은 관대한 대우를 받을 것이다. 이를테면, 우리가 정신질환을 앓는 이들이나 본래 살던 고향에서 쫓겨난 아마존 부족을 대우해야 한다고 느끼는 것과 비슷할 것이다. 그러나 차이점이 있는데, 시신을 미래 세대가 해동하는 것으로 한다면 그 세대에 부담을 주게 된다는 것이다. 그러니 그들이 과연 해동할 이유가 충분하다고 여길지는 불분명하다.

이 문제를 생각하면 비슷한 딜레마가 떠오른다. 설령 과학소설 속에만 남아 있어야 한다고 할지라도, 반드시 그럴 거라는 보장은 없는 사례다. 바로 복제된 네안데르탈인이다. 스탠퍼드 교수인 한 전문가는 이렇게 물었다. "우리는 그를 동물원으로 보낼까, 아니면 하버드로 보낼까?"

# 정보기술, 로봇공학, 그리고 인공지능

세포, 바이러스, 기타 생물학적 미세구조는 본질적으로 분자 규모의 부품들, 즉 단백질, 리보솜 등으로 이뤄진 '기계'다. 컴퓨터의 급속한 발전에 힘입어 나노 규모의 전자 부품을 제조하는 능력도 빠르게 발전하고 있다. 이와 함께 거의 생물학적 수준의 복잡성을 스마트폰, 로봇, 컴퓨터 네트워크를 작동시키는 처리 장치에 집어넣을 수 있다.

이런 혁신적인 발전 덕분에 인터넷 및 관련 기술들은 역사상 가장 빠르게 '침투'하는 신기술이 되어왔다. 게다가 가장 완전한 수준의 세계적인 기술이기도 하다. 이 기술은 거의 모든 전문가가 예측한 것보다 훨씬 더 빠르게 아프리카와 중국에서도 확산되고 있다. 말 그대로 수십억 명이 누릴 수 있는 소비자용 전자기기와 웹 기반의 서비스 덕분에 우리 삶은 매우 풍요로워졌다. 그리고 그 기술이 개발도상국에 미치는 영향은 과학이 가장 적절하게 적용될 때 가난한 지역을 어떻게 변모시킬 수 있는지를 보여주는 상징이 되기도 한다.

곧 저궤도 위성이나 고위도 열기구, 태양력으로 가동되는 드론을 통해 전 세계에서 이용 가능해질 광대역 인터넷은 현대 보건 의료, 농법, 기술의 교육과 보급에 더욱 박차를 가할 것이다. 그럼으로써 가장 가난한 이들조차 연결된 세계 경제의 일부가 되고, 소셜 미디어를 즐길 수 있게 될 것이다. 적절한 위생 설비 같은 19세기 기술 발전의 혜택조차 아직 누리지 못하는 이들이 많은 상황인데 말이다.

아프리카 사람들도 스마트폰을 써서 시장 정보를 접하고, 모바일 결제 등을 할 수 있다. 중국은 세계에서 가장 자동화한 금융 시스템을 갖추고 있다. 이런 발전은 '소비자 잉여'를 낳고, 개발도상국에 기업가 정신과 낙관주의를 불어넣는다. 그리고 말라리아 같은 감염병의 박멸을 목표로 한 효과적인 계획들도 그런 혜택을 더욱 늘려왔다. 퓨리서치센터Pew Research

Center에 따르면, 중국인 82퍼센트와 인도인 76퍼센트는 현재의 자기 삶보다 자녀의 삶이 더 나아질 것으로 믿는다고 한다.

현재 인도인들은 전자 신분증을 지닌다. 그 덕에 각종 복지 혜택을 받기 위해 등록하는 일이 더 쉬워졌다. 이 신분증에는 비밀번호가 필요 없다. 홍채 인식 소프트웨어가 눈의 정맥 패턴으로 신원을 확인한다. 홍채 인식은 지문 인식이나 얼굴 인식보다 상당히 개선된 방식이다. 이 방식으로 인도인 13억 명의 신원을 충분히 명확하게 파악할 수 있다. 이는 앞으로 인공지능의 발전이 가져올 수 있는 혜택을 맛보기로 보여주는 것이기도 하다.

음성 인식, 얼굴 인식 등의 인식 소프트웨어들은 범용 기계 학습generalized machine learning이라는 기술을 이용한다. 이 기술은 인간이 자신의 눈을 이용하는 방법과 비슷하게 작동한다. 인간 뇌의 시각 영역은 망막에서 오는 정보를 여러 단계를 거쳐서 통합한다. 수평선과 수직선, 윤곽 등을 단계적으로 처리해 파악하는데 각 층은 하위층에서 오는 정보를 처리하여, 더 상위층으로 보낸다.[8]

기계 학습의 기본 개념은 1980년대에 나왔다. 영국계 캐나다인인 지오프 힌턴Geoff Hinton이 큰 기여를 했다. 그러나 실제로 응용되기 시작한 것은 20년이 지난 뒤였다. 컴퓨터의 성능이 2년마다 2배로 뛴다는 무어의 법칙이 꾸준히 들어맞은 덕분에 컴퓨터의 처리 속도가 1,000배 더 빨라지면서였다. 컴퓨터는 '무지막지한' 방법을 쓴다. 이를테면, 유럽 연합이 여러 언어로 내놓는 수백만 쪽에 달하는 문서들을 읽음으로써 번역하는 방법을 배운다. 컴퓨터는 결코 지겨워하지 않는다! 또 다양한 각도에서 찍은 사진 수백만 장을 분석하여 개, 고양이, 사람의 얼굴을 식별하는 법을 배운다.

이 놀라운 발전을 이끌어온 것은 런던에 있는 기업 딥마인드DeepMind다. 지금은 구글에 인수됐다. 딥마인드의 공동 창업자이자 CEO인 데미스 허사비스Demis Hassabis는 조숙했다. 그는 열세 살 때 세계 체스 챔피언 대회의 한 부문에서 2위를 했다. 같은 해에 케임브리지 입학 자격을 얻었지만, 입학 신청을 2년 뒤로 미루고 그사이에 컴퓨터 게임을 짜는 일을 했다. '테마파크Theme Park' 라는 상당한 성공을 거둔 게임도 구상했다. 이후 케임브리지에서 컴퓨터과학을 공부한 뒤, 컴퓨터 게임 회사를 차렸다. 그런 뒤 다시 학교로 돌아와 유니버시티 칼리지 런던에서 박사학위를 받았다. 이어서 인지신경과학 분야에서 박사후연구원으로 일했다. 일화 기억episodic memories의 특성과 인간의 뇌세포 집단을 신경망 기계에 모사하는 방법을 연구했다.

2016년에 딥마인드는 놀라운 성공을 거뒀다. 그 기업의 컴퓨터 알파고AlphaGo가 세계 바둑 대회 우승자인 한국의 이세돌 9단을 이긴 것이다. 20여 년 전에 IBM의 슈퍼컴퓨터 딥블루Deep Blue가 체스 세계 챔피언인 게리 카스파로프Garry Kasparov를 이겼다는 사실 때문에 이 승리가 별것 아닌 듯이 보일 수도 있다. 그러나 이 승리는 말 그대로 '판 자체를 바꾼game change' 것과 같았다. 딥블루는 체스 전문가들이 이런 수에 이렇게 대응하라고 프로그램을 짰다. 그에 비해 알파고 컴퓨터는 엄청나게 많은 기보를 접하고 직접 바둑을 둠으로써 실력을 쌓았다. 알파고의 설계자들은 그 기계가 어떻게 판단을 내리는지 알지 못한다. 그리고 2017년의 알파고제로AlphaGo Zero는 한 단계 더 나아갔다. 실제 기보를 전혀 제공하지 않고 오로지 바둑의 규칙만 제공하고서 아예 처음부터 바둑을 새로 배우게 했는데, 하루 만에 세계적인 수준에 도달했다. 경이로운 일이다. 이 성취를 기술한 과학 논문은 이런 말로 결론을 맺었다.

> 인류는 수천 년 동안 수백만 번에 걸쳐 바둑을 둠으로써 지식을 축
> 적해왔다. 그렇게 모은 지식의 정수는 정석, 격언, 책으로 요약됐
> 다. 그런데 알파고제로는 백지상태에서 시작하여 단 며칠 만에 이
> 바둑 지식의 상당수를 재발견했을 뿐 아니라, 이 가장 오래된 게임
> 에 새로운 깨달음을 제공하는 창의적 전략들까지 내놓았다.[9]

그 기계는 비슷한 기법을 써서, 전문 지식을 전혀 입력하
지 않은 상태에서 몇 시간 만에 카스파로프 수준의 체스 실력
을 갖췄고, 일본 장기에서도 비슷한 실력을 발휘했다. 카네기
멜런대학교의 한 컴퓨터는 포커에서 최고로 꼽히는 프로 선수
에 못지않게 수를 계산하고 '뻥을 치는' 법도 배웠다. 이에 대
해 카스파로프는 체스 같은 경기에서는 인간이 특유의 부가가
치를 제공하며, 사람과 기계가 한 조를 이뤄서 둘 때가 사람이
나 기계가 혼자서 둘 때보다 더 나은 성과를 올릴 수 있다고 역
설했다.

인공지능은 엄청난 양의 자료를 분석하고, 복잡한 입력에

빠르게 반응하며, 그것을 빠르게 처리하는 능력으로 사람보다 우위를 차지한다. 전력망이나 도시 교통망처럼 복잡한 연결망을 최적화하는 데 탁월하다. 구글은 자사에 구축된 대규모 데이터 농장data farm의 전력 관리를 기계에 넘겼더니 에너지가 40퍼센트 절감됐다고 주장했다. 그러나 여전히 한계도 있다. 알파고의 토대를 이루는 하드웨어는 수백 킬로와트의 전기를 사용한다. 반면 알파고의 대국 상대였던 이세돌의 뇌는 에너지 소비량이 약 30와트(전구 하나와 비슷한)에 불과하며, 바둑을 두면서도 여러 가지 다른 일을 할 수 있다.

감지기, 음성 인식, 정보 검색 등의 기술도 빠르게 발전하고 있다. 아직 상당히 뒤처져 있긴 하지만, 몸을 능숙하게 움직이는 능력 역시 개선되고 있다. 로봇은 실제 체스판에서 말을 움직이거나, 신발 끈을 묶거나, 발톱을 깎는 일을 아직 어린아이보다 더 못한다. 그러나 이 분야에서도 발전이 이뤄지고 있다. 2017년 보스턴다이내믹스Boston Dynamics는 핸들Handle이라는 좀 무섭게 보이는 로봇을 소개했다. 그보다 앞서 내놓은 네 발 달린 로봇 빅도그Big Dog의 후속판으로, 바퀴 달린 두 발로 움직이면서 뒤로 공중제비를 할 수 있을 만큼 민첩하다. 그러나 기계가 인간 체조 선수를 능가하려면 아직 멀었다. 아니, 나무 사이를 뛰어다니는 원숭이나 다람쥐처럼 민첩하게 현실 세계와 상호작용을 하려면 아직 멀었다. 인간의 다재다능한 몸놀림을 모방하는 일은 더더욱 그렇다.

김퓨터의 수 처리 능력이 점점 향상되면서 가능해진 기계 학습은 엄청난 돌파구를 열었다. 세세하게 프로그램을 짜지 않고서도 기계가 전문 지식을 획득할 수 있도록 해준 것이다. 게임을 하는 것뿐 아니라 얼굴을 인식하고, 언어를 번역하고, 연결망을 관리하는 것 등에 필요한 전문 지식을 이제 기계도 갖추게 됐다.

그러나 그것이 인간 사회에 미치는 영향은 양면적이다. 기계가 어떻게 어떤 결정을 내리는지를 정확히 아는 '운영자' 같은 것은 없다. 인공지능 시스템의 소프트웨어에 버그$^{bug}$가 있다면, 현재는 그 버그를 찾아내기가 불가능할 때도 있다. 따라서 그 시스템의 결정이 개인에게 중대한 결과를 일으킬 수 있다면, 대중의 우려가 커질 것이다. 현재 우리는 수감 기간을 선고받거나, 수술 권고를 받거나, 신용 등급이 하락한다거나 할 때 그 이유를 들을 수 있고, 항변할 수도 있다고 생각한다. 하지만 그런 결정이 전적으로 알고리듬에 맡겨진다면, 마뜩잖다는 느낌을 받을 수밖에 없을 것이다. 평균적으로 볼 때, 원래 그 일을 맡았던 사람보다 기계가 더 나은 결정을 내린다는 증거가 압도적으로 많다고 해도 그렇다.

이런 인공지능 시스템의 통합은 일상생활에 영향을 미치고 있으며, 점점 더 우리 삶 깊숙이 침투할 것이다. 우리의 행동, 남들과의 상호작용, 건강, 금융 거래 등의 기록이 모두 클라우드cloud에 저장되어 거의 독점적인 다국적 기업을 통해 관리될 것이다. 그 자료는 타당한 이유로, 이를테면 의학 연구나 건강상의 위험을 경고하는 용도로 쓰일 수 있다. 그렇지만 인터넷 기업들이 그 자료를 이용할 수 있게 되면서 이미 정부에서 기업으로 힘의 균형이 옮겨가고 있다. 사실 현재 고용주들은 가장 독재적이거나 '제멋대로 권력을 휘두르는' 전통적인 고용주보다 직원 한 명 한 명을 훨씬 더 세세히 감시할 수 있다.

그 밖의 사생활 침해 우려도 있다. 식당이나 버스 안에서 우연히 옆자리에 앉은 낯선 사람이 얼굴 인식 소프트웨어를 통해 당신이 누구인지 알아내고 당신의 사생활을 침범한다면, 당신은 행복할까? 누군가가 올린 당신의 가짜 동영상이 너무나 진짜 같아서 더는 시각 증거를 신뢰할 수 없게 된다면 또 어떨까?

# 우리 일자리는 어떻게 될까?

우리의 생활 패턴, 특히 정보와 오락, 사회관계망에 접근하는 방식은 20년 전에는 거의 상상도 할 수 없었던 정도까지 변모했다. 게다가 인공지능은 그 옹호자들이 앞으로 수십 년 안에 이뤄질 것으로 예상하는 수준에 비하면 이제 겨우 걸음마 단계에 있을 뿐이다. 업무의 성격에도 엄청난 변화가 일어날 것이다. 우리에게 소득을 안겨주고 우리의 삶과 공동체를 의미 있게 하는 데 기여하는 것 말이다. 따라서 가장 중요한 사회적 및 경제적 질문은 이것이다.

이 새로운 기계 시대의 기술들이 철도나 전기 같은 이전의 파괴적인 기술들과 비슷할까? 파괴하는 것만큼 많은 일자리를 만들어낼까? 아니면 이번에는 전혀 다를까?

유럽과 북아메리카에서 일하는 미숙련 노동자들의 실질임금은 지난 10년 동안 하락했다. 고용 안정성도 줄었다. 그렇긴 해도, 우리 모두에게 주관적으로 더 큰 행복감을 제공함으로써 그 불행을 상쇄시키는 요인이 하나 있다. 디지털 세계가 제공하는 소비자 잉여가 바로 그것이다. 스마트폰과 노트북은 성능이 크게 향상되었다. 나는 자동차를 소유하는 것보다 인터넷에 접근하는 것에 훨씬 더 큰 가치를 부여한다. 사실 그편이 훨씬 더 저렴하기도 하고 말이다.

분명히 기계는 제조업과 유통업의 많은 일을 떠맡을 것이다. 또 대부분의 화이트칼라 업무도 맡을 수 있다. 공문서 전달 같은 틀에 박힌 법률 관련 업무는 물론이고 회계, 컴퓨터 코드 작성, 의학적 진단, 심지어 수술까지도 기계가 할 수 있다. 많은 전문가는 힘들게 갈고닦은 실력을 원하는 수요가 적다는 사실을 알아차릴 것이다. 대조적으로 몇몇 숙련된 서비스 부문 업무, 예컨대 배관 설비나 정원 가꾸기 같은 일은 바깥 세계와 틀에 박히지 않은 상호작용을 할 것을 요구하므로, 자동화하기가 가장 어려운 일에 속할 것이다.

많이 인용된 사례를 하나 들자면, 미국의 트럭 운전사 300만 명의 일자리는 얼마나 취약할까?

자율주행차는 적당한 도로가 있는 제한된 구역에서는 금방 받아들여질지 모른다. 도심의 지정된 구역이나 고속도로의 특정 구간 같은 곳이다. 밭을 갈고 수확을 하는 등 도로 이외의 곳에서도 운전자 없는 기계를 움직일 수 있다. 그러나 일상적으로 주행하면서 접하는 온갖 복잡한 상황에 직면할 때, 자율주행차가 안전하게 작동할 수 있을지는 불분명하다. 사람이 모는 자동차와 자전거와 보행자가 뒤엉켜 있는 좁고 구불구불한 도로를 달릴 때가 그렇다. 나는 그런 상황이라면 대중의 저항이 있으리라고 생각한다.

완전 자율주행차가 사람이 모는 자동차보다 더 안전할까? 도로 앞쪽에 장애물이 있을 때, 자율주행차는 비닐봉지인지 개인지 아이인지를 구별할 수 있을까? 확실히 그럴 것이라고 장담할 수는 없지만 평균적인 인간 운전자보다 더 나을 것이라는 주장이 있다. 그 주장이 사실일까? 고개를 끄덕일 사람들도 있을 것이다. 자동차들이 무선으로 서로 연결되어 있다면, 경험을 공유함으로써 더 빨리 배울 것이다.

반면에 모든 혁신은 초기에 위험성을 지니고 있다는 점도 잊지 말아야 한다. 철도 초창기나 현재 으레 쓰이는 수술법이 처음 등장했을 때를 생각해보라. 영국의 도로 안전 관련 자료를 몇 가지 살펴보자. 1930년에는 도로를 달리는 자동차가 100만 대에 불과했지만, 교통 사고 사망자 수가 7,000명을 넘었다. 2017년에는 사망자 수가 약 1,700명이었다. 1930년보다 자동차가 약 30배 더 많아졌음에도, 사망자 수는 4분의 1로 줄었다.[10] 이 추세는 어느 정도는 도로가 더 좋아졌기 때문이지만, 주된 이유는 더 나아진 자동차 안전성과 최근 들어서 장착되기 시작한 위성 위치 확인 시스템satnavs을 비롯한 전자 장치 덕분이다. 이 추세는 앞으로도 계속되면서 운전을 더욱 안전하고 쉽게 만들 것이다. 그러나 혼잡한 일반 도로에 완전 자율주행차가 뒤섞여 달리는 것은 진정으로 이질적인 변화가 될 것이다. 그러니 이 전환이 과연 얼마나 실현 가능하고 수용 가능할지를 회의적으로 보는 태도에도 일리가 있다.

트럭 운전사를 비롯한 자동차 운전자들이 없어지려면 오랜 세월이 걸릴지도 모른다. 민간 항공 분야에서 일어나고 있는 일과 비교해보라. 한때는 항공 여행이 위험했지만, 지금은 놀라울 만큼 안전하다. 2017년에는 세계적으로 정기 운항 여객기에서 단 한 명의 사망자도 나오지 않았다. 비행은 대부분 자동 항법 장치를 통해 이뤄진다. 진짜 조종사는 긴급 상황에서만 필요하다. 그러나 그 중요한 순간에 조종사가 민첩하게 대처하지 못할 수도 있다는 우려가 있다. 2009년 브라질 리우데자네이루에서 파리로 가던 에어프랑스 항공기가 남대서양에 추락한 사고는 무엇이 잘못될 수 있는지를 잘 보여준다. 긴급 상황이 발생했을 때 조종사들이 조종을 맡기까지 시간이 너무 오래 걸렸고, 게다가 그들이 실수를 저질러서 상황을 더 악화시켰다. 그런 한편으로, 조종사가 자살을 택하는 바람에 자동 항법 장치가 막을 수 없는 끔찍한 추락 사고가 실제로 일어나기도 했다.

대중이 정말로 조종사가 없는 비행기를 안심하고 타게 될까? 나는 의구심이 든다. 다만 항공 화물 운송에는 조종사 없는 항공기가 받아들여질지 모른다. 소규모 운송용 드론은 전망이 밝다. 실제로 싱가포르에서는 지상에서 달리는 운송 차량을 도로 위를 나는 드론으로 대체하려는 계획이 나와 있다. 그러나 이런 사례들에서도 충돌 위험을 무시하지 못한다. 그런 기기들이 늘어난다면 더욱 그렇다. 일반 자동차에서 소프트웨어 오류나 사이버 공격이 일어나지 않을 거라고 장담할 수는 없다. 자동차에 쓰이는 점점 더 정교해지는 소프트웨어와 보안 시스템이 해킹당할 수 있다는 것을 이미 우리는 알고 있다. 그러니 제동 장치와 운전대의 해킹을 막을 수 있다고 과연 장담할 수 있을까?

자율주행차의 혜택이라고 종종 인용되는 한 가지는 자동차를 소유하기보다는 빌리고 공유하게 된다는 것이다. 그러면 도시에 필요한 주차 면적이 줄어들 수 있다. 대중교통과 자가용의 구분도 모호해질 수 있다. 그러나 이런 상황이 얼마나 오래 지속될지는 불분명하다. 자신의 차를 갖고 싶어 하는 욕망이 정말로 사라질 것인지도 확실치 않다. 자율주행차가 유행한다면, 기존 열차 여행 대신 도로 여행이 인기를 얻을 것이다. 많은 유럽인은 300킬로미터에 달하는 거리는 기차로 여행하는 쪽을 택한다. 직접 운전하는 것보다 스트레스를 덜 받고 그 시간에 일을 하거나 책을 읽을 수도 있으니까. 그러나 여행하는 내내 믿을 수 있는 전자 운전사가 있다면, 대다수가 자동차를 타고 문 앞에서 문 앞까지 가는 쪽을 택할 것이다. 그러면

장거리 열차 노선의 수요가 줄어들 것이다. 하지만 그와 동시에 도시 간 하이퍼루프hyperloop 같은 새로운 교통수단을 창안하려는 동기도 강해진다. 물론 최선의 방안은 출장 여행의 필요성을 아예 없애는 고품질의 원격 통신 시스템일 것이다.

디지털 혁명은 혁신가들의 엘리트 집단과 세계적인 기업에 엄청난 부를 안겨주지만, 건강한 사회를 유지하려면 그 부를 재분배해야 할 것이다. 그 부를 보편적 기본 소득을 제공하는 데 쓰자는 주장도 있다. 하지만 그런 계획을 실행하려면 잘 알려진 많은 장애물을 극복해야 하는데, 사회적으로 불리한 위치에 있는 이들은 지금 당장 위기를 느끼고 있다. 그러니 현재 수요를 크게 충족시키지 못하면서 임금과 지위가 부당하게 낮은 유형의 직종에 보조금을 지급하는 편이 훨씬 나을 것이다.

금전적으로 제약을 받지 않는 이들이 어떤 것에 돈을 쓰는지를 지켜보고 있자면 때로 놀랍기도 한데, 배울 것이 분명 있다. 부자들은 인적 서비스에 높은 가치를 부여한다. 개인 트레이너, 유모, 집사를 고용한다. 노인이 되면 돌보미를 고용한다. 정부가 진보적이냐 아니냐를 판별하는 기준은 최고들이 선호하는 유형의 지원을 모든 사람에게 제공하느냐 아니냐가 되어야 한다. 인간적인 사회를 만들려면, 정부는 돌보미로 일하는 이들의 처우를 개선하고 숫자도 크게 늘려야 할 것이다. 지금은 너무나 부족하다. 또 부유한 나라들에서조차 돌보미는 저임금에 지위도 불안정하다. 머지않아 로봇이 일상적인 돌봄 서비스의 일부를 넘겨받게 되리라는 점은 분명하다. 사실, 빨래하고 먹이고 용변을 처리하는 허드렛일은 자동화하는 쪽이 보살핌을 받는 입장에서도 덜 당혹스러울 것이다. 그러나 그런 장치를 구입할 여유가 있는 이들은 진짜 사람의 보살핌도 받기를 원한다. 그 밖에 우리의 삶을 더 개선하면서 훨씬 더 많은 이들에게 일자리를 제공할 수 있는 직업들도 있다. 공원 원예사나 관리인 등이 예다.

아주 어리거나 아주 나이 많은 이들만이 인적 지원을 필요로 하는 것은 아니다. 예를 들어 공공기관을 상대하는 업무를 비롯하여 아주 많은 업무가 인터넷을 통해 이뤄진다면, 홀로 살아가는 몸이 불편한 이들은 정부 지원 혜택을 신청하거나 기본 생필품을 주문하기 위해 온라인 웹사이트에 제대로 접속할 수 있을지를 걱정해야 한다. 무언가가 잘못될 때 생길 불안과 좌절도 생각해야 한다. 그런 이들은 IT기기 앞에서 당혹스러워할 때 컴퓨터를 잘 다루는 돌보미가 도움을 주고, 필요할 때 도움을 받을 수 있고 불리한 처지에 놓이지 않을 수 있다는 믿음을 가질 때만 마음의 평화를 얻게 될 것이다. 그렇지 않다면 '디지털 빈민digitally deprived'은 새로운 하층계급이 될 것이다.

남의 기부를 받으며 살아가기보다는 사회적으로 쓸모가 있는 일을 할 수 있을 때 삶의 질이 더 높다. 그러나 주중에 일하는 시간은 더 짧아질 수 있다. 프랑스의 현재 주간 노동시간인 35시간보다 더 짧아질 수도 있다. 자기 일에 본질적으로 흡족해하는 사람은 드물기에 그런 사람이 있다면 아주 행운아라고 봐야 한다. 대부분 사람은 노동시간 단축을 환영할 것이다. 이는 곧 여가 활동이나 사교 활동, 종교든 문화든 스포츠든 간에 단체 활동에 참여할 시간이 더 많아진다는 의미다.

예술과 공예 활동도 다시 활기를 띨 것이다. 우리는 '유명인 요리사'의 등장을 지켜봤다. 심지어 '유명인 미용사'도 나왔다. 그 외 기능 분야들에서도 그런 이들이 더 많이 나올 것이며, 각 분야에서 가장 뛰어난 인물들은 더 존경을 받을 것이다. 여기서도 선택의 자유를 가장 크게 누리는 부자들은 노동 집약적인 활동을 후원하는 데 많은 돈을 쓰고 있다.

틀에 박힌 일과 평생 직업이 야금야금 사라지면서 평생 학습이 활기를 띨 것이다. 교실과 강의실에서 이뤄지는 가르침을 토대로 하는 정규교육은 아마 전 세계 사회들에서 가장 흔들림이 없는 부문일 것이다. 온라인 강좌를 통한 원격 학습은 개인적인 지도와 조언을 제공하는 기숙형 대학에 다니는 경험을 결코 대신하지 못하겠지만, 더 비용 효과적이면서 유연한 대체물로서 전형적인 대학교의 자리를 조금씩 잠식해나갈 것이다. 한 예로 영국의 개방대학교Open University가 개척한 모형은 끝 모를 가능성을 지니고 있다. 이 모형은 유명한 대학교들의 온라인 강좌 콘텐츠를 제공하는 코세라Coursera와 edX 같은 미국 기관들을 통해 현재 널리 확산되고 있다. 최고의 온라인 강의를 하는 교사는 세계적인 온라인 스타가 될 수 있다. 이런 강좌들은 점차 인공지능이 제공하게 될 개인별 맞춤화를 통해 강화될 것이다. 과학자들은 교실 수업보다는 웹이나 미디어에서 처음에 동기 부여를 받았다는 말을 종종 한다.

더 자동화한 세계가 제공하는 생활양식은 온화하고 심지어 매혹적으로 보이며, 원칙적으로 유럽과 북아메리카 전역에서 스칸디나비아 수준의 만족감을 줄 수 있다. 이런 특권을 누리는 국가들의 시민은 세계의 불우한 지역들과 점점 덜 격리되어가고 있다. 국가들 사이의 불평등이 줄어들지 않는다면, 격분과 불안정이 점점 첨예해질 것이다. 전 세계의 가난한 이들이 정보기술과 미디어를 통해 자신들에게 무엇이 부족한지를 훨씬 더 자각하고 있기 때문이다. 기술 발전은 국가 간 분열을 증폭시킬 수 있다. 게다가 로봇공학의 발전으로 부유한 국가들이 자국 내에서 제조와 생산을 할 수 있게 된다면, 경제적 측면에서 불평등이 더욱 심화될 것이다. 서양보다 저렴한 임금을 받음으로써 일시적이지만 중요한 발전을 도모할 수 있었던 동아시아의 '호랑이들'과 달리, 아프리카와 중동의 더 가난한 나라들은 그런 일을 할 기회가 없어질 것이기 때문이다.

또 이주의 성격도 서서히 달라졌다. 100년 전에는 유럽인이나 아시아인이 북아메리카나 호주로 이사하겠다고 결심하면, 자신이 본래 속했던 문화나 확대 가족과 단절해야 했다. 따라서 새 사회에 동화되려는 동기가 있었다. 하지만 지금은 이민자가 원한다면 매일 영상 통화와 소셜 미디어를 통해서 고국의 문화에 잠겨 있을 수 있다. 또한 대륙 간 여행을 하는 데

드는 비용이 낮아져 개인적인 접촉도 유지할 수 있다.

국가적 · 종교적 충성심과 분열은 이동성이 높아지고 장소에 대한 감수성이 약해진다고 해도 계속될 것이다. 인터넷이라는 메아리를 통해 오히려 더 강화될 수도 있다. 기술 세계의 유목민들은 점점 늘어날 것이다. 가난한 이들은 돈을 버는데 희망을 걸고 합법적이든 불법적이든 이주하고자 할 것이다. 그 결과 국가 간 긴장은 더욱 첨예해질 것이다.

실제로 이념이나 불평등과 부당함에 대한 지각이 갈등을 촉발할 위험이 점점 커진다면, 그 위험은 신기술이 전쟁과 테러에 미치는 영향에 힘입어 더 심화될 것이다. 적어도 지난 10년 동안 우리는 드론이나 로켓이 중동의 표적을 타격하는 장면을 TV에서 지켜봤다. 조종은 미국에 있는 참호 안에서 이뤄졌다. 폭격기를 모는 조종사에 비해 자신의 행동이 가져올 결과와 더욱 멀리 떨어져 있는 사람들이 로켓 발사 버튼을 누른다는 얘기다. 이런 행동은 윤리적으로 거북함을 느끼게 하지만, 더욱 정밀한 타격이 가능해져 부수적인 피해가 줄어든다는 주장을 접하고 보면 그 거북함은 다소 줄어들 수 있다. 아무튼 적어도 그런 공격에서는 언제 무엇을 공격할지를 결정하는 데 인간이 '핵심적인 역할'을 한다. 하지만 앞으로는 자동 무기가 출현할지도 모른다. 그런 무기는 알아서 표적을 찾을 수 있다. 얼굴 인식을 통해서 특정한 개인을 식별하여 죽일 수 있다. 이는 자동화된 전쟁의 선례가 될 것이다. 깊은 우려를 불러일으키는 발전 사례다. 표적을 식별하고 공격을 할지 결정하고 공격하면서 배우는, 자동화된 기관총·드론·장갑차·잠수함이 가까운 미래에 등장할 가능성이 있다.

'살인 로봇killer robot'의 우려도 점점 커지고 있다. 2017년 8월, 이 분야를 선도하는 100대 기업의 경영자들은 자동 살상 무기를 불법화하자고 유엔에 청원하는 공개 편지에 서명했다. 화학무기와 생물무기의 사용을 규제하는 국제 조약 같은 것을 만들자는 것이다.[11] 서명자들은 인간이 미처 파악할 수 없을 만큼 빠른 속도로, 유례없는 규모로 전자전electronic battlefield이 벌어질 수 있다고 경고한다. 그런 조약이 얼마나 효과가 있을지는 확실치 않다. 생물무기가 그랬듯이, 각국은 이른바 방위를 위해 그리고 '불량국가'나 극단주의자 집단이 어떤 식으로든 먼저 그런 개발을 하지나 않을까 하는 걱정 때문에 이 기술을 추구할지 모른다.

이런 걱정들은 가까운 미래에 관한 것이다. 핵심 기술들이 이미 작동하고 있기 때문이다. 이제 더 멀리 내다보기로 하자.

# 인간 수준의 인공지능?

바로 앞에서 논의한 시나리오들은 우리가 예상에 맞춰서 계획을 짜고 조정할 필요가 있는 아주 가까운 미래를 다룬다. 그렇다면 더 장기적인 전망은 어떨까? 그런 전망은 더 흐릿하며 기계 지능의 발전 속도를 놓고, 더 나아가 인공지능의 한계가 무엇일지를 놓고서도 전문가들 사이에 의견이 갈린다. 인터넷에 연결된 인공지능이 인간 중 누구보다 훨씬 더 빨리 자료를 분석함으로써 주식시장을 평정할 수 있다는 주장은 설득력이 있어 보인다. 퀀트형<sup>quant</sup>(수학, 컴퓨터 등 수리적 기반으로 주식시장을 분석하고 의사결정을 하는 방식−옮긴이) 헤지펀드는 이미 어느 정도 이 방식을 쓰고 있다. 그러나 사람과의 상호작용이 필요하거나, 심지어 일반 도로에서 마주칠 복잡한 상황에 대처하기에는 아직 인공지능의 처리 능력이 부족하다. 컴퓨터는 사람과 마찬가지로 보고 들을 수 있는 감지기를 갖춰야 할 것이고, 감지기들이 보내는 정보를 처리하고 해석할 소프트웨어도 필요할 것이다.

설령 그런 것들이 갖춰진다고 해도 여전히 부족할 것이다. 컴퓨터는 비슷한 활동들을 모은 훈련용 자료 집합을 써서 학습을 하며, 성공하면 즉시 '보상을 받고' 강화된다. 게임을 하는 컴퓨터는 수백만 번 게임을 하면서 학습한다. 사진을 해석하는 컴퓨터는 수백만 장의 사진을 분석하여 전문 지식을 습득한다. 자율주행차가 전문 지식을 습득하려면, 서로 통신을 함으로써 지식을 공유하고 업데이트할 필요가 있을 것이다. 그러나 인간 행동에 관한 학습은 실제 집이나 직장에서 실제 사람들을 관찰하는 과정이 포함되어야 한다. 기계는 감지기를 통해 실제 삶의 속도를 접하고 매우 느리다고 느낄 것이며, 당혹해할 것이다. 손꼽히는 인공지능 이론가 스튜어트 러셀 Stuart Russell은 이렇게 말한다.

온갖 일을 시도할 수 있다. 달걀을 깨뜨려 휘젓고, 장작을 쌓고, 전선을 물어뜯고, 손가락으로 콘센트 구멍을 찔러댈 수도 있다. 그러나 어떤 행동도 컴퓨터에게 제대로 하고 있다는 확신을 주고 필요한 다음 행동으로 이끌 만큼 강력한 피드백을 일으키지 못할 것이다.[12]

이 장벽을 넘을 수 있어야 비로소 인공지능은 진정으로 지적인 존재라고, 적어도 몇몇 측면에서 우리가 다른 사람들과 하듯이 관련을 맺을 수 있는 존재라고 인식될 것이다. 그리고 '생각'과 반응이 훨씬 더 빠르므로, 컴퓨터는 우리보다 우위에 설 수 있을 것이다.

일부 과학자는 컴퓨터가 '자신의 마음'을 지니게 되어서 인류에게 적대적인 목표를 추구할 수도 있다고 두려워한다. 미래의 강력한 인공지능은 유순할까, 아니면 난폭할까? 인간의 목표와 동기를 이해하고 그에 맞출까? 윤리와 상식을 자신의 다른 동기들보다 우선시해야 할 때를 '알' 수 있도록 학습이 될까? 인공지능이 사물 인터넷에 침투할 수 있다면, 세계를 조작할 수 있을 것이다. 인공지능은 인류가 원하는 것에 상반되는 목표를 지닐지도 모르며, 더 나아가 인류를 골칫거리로 취급할 수도 있다. 인공지능은 '목표'를 지닐 것이 틀림없지만, 주입하기가 진정으로 어려운 것은 '상식'이다. 인공지능은 자신의 목표를 강박적으로 추구해서는 안 되며, 윤리 규범을 위반할 것 같으면 자신의 노력을 중단하겠다는 자세가 되어 있어야 한다.

컴퓨터는 우리의 수학 능력을 대폭 증진할 것이며, 아마 창의성도 그럴 것이다. 이미 스마트폰은 일상적인 기억을 인간의 뇌를 대신해 저장하고, 세계의 정보에 거의 즉시 접근할 수 있게 해준다. 곧 언어 간 통역도 쉽게 하게 될 것이다. 그렇다면 다음 단계는 외부 기억 장치를 인간의 뇌에 '꽂거나' 뇌에 직접 언어를 입력하여 학습하는 것이 될지도 모른다. 그런 일이 가능할지는 아직 불분명하지만. 전자 장치를 이식하여 뇌를 증강할 수 있다면, 우리의 생각과 기억을 기계에 내려받을 수도 있을 것이다. 지금의 기술 추세가 순탄하게 지속된다면, 지금 살고 있는 이들 중 일부는 영생을 얻을 수도 있다. 적어도 내려받은 생각과 기억이 현재의 몸에 얽매이지 않는 수명을 지니게 된다는 의미에서 말이다. 이런 유형의 영생을 추구하는 이들은 구식 심령술사의 어투를 빌리자면, '내세로' 넘어간다.

그러면 우리는 개인의 정체성에 관한 오래된 철학적 의문에 맞닥뜨린다. 당신의 뇌를 기계에 내려받는다면, 어떤 의미에서 그것을 여전히 '당신'이라고 할 수 있을까? 그렇다면, 당신의 몸이 없어진다고 해도 꺼림칙함을 느끼지 말아야 할까? '당신'이 몇 대의 '클론'으로 이뤄진다면 어떻게 될까? 그리고 이 전이가 이뤄지면, 우리 존재에 너무나도 필수적인 감각 기관을 통한 입력과 실제 바깥 세계와의 신체적 상호작용은 들어맞지 않게 될 뿐 아니라 아예 불가능해질까? 이런 질문들은 고대부터 철학자들을 골치 아프게 한 문제였는데, 오늘날 실천적인 윤리학자들이 시급히 규명해야 할 수도 있다. 실제 인간들이 금세기에 하게 될 선택과 관련이 있을지 모르기 때문이다.

2050년 이후에 관한 이 모든 추측 중에서 무엇이 실제로 일어날 수 있고 무엇이 여전히 과학소설의 영역에 남아 있을지 우리는 알지 못한다. 아이들이 바이오 해킹을 경쟁적으로 하게 되리라는 프리먼 다이슨의 전망을 진지하게 받아들여야 할지 어떨지를 모르는 것과 마찬가지다. 이와 관련하여 아주 다양한 견해가 나와 있다. 버클리의 스튜어트 러셀과 딥마인드의 데미스 허사비스 같은 일부 전문가는 생명공학 분야에서처럼 인공지능 분야에서도 '책임을 수반한 혁신'이 이뤄질 수 있도록 이미 지침이 필요한 상황에 이르렀다고 본다. 게다가 창작자들이 몇 년 더 걸릴 것으로 생각했던 목표를 알파고가 일찍 달성했다는 사실에 힘입어 딥마인드 측은 발전 속도를 더욱 낙관하게 됐다. 그러나 백스터 로봇과 진공청소기 룸바의 창안자인 로봇학자 로드니 브룩스<sup>Rodney Brooks</sup> 같은 이들은 이런 우려가 현실과 너무나 거리가 멀기 때문에 걱정할 필요가 없다고 생각한다. 그들은 인공지능보다는 현실의 어리석은 짓들을 더 걱정하라고 말한다. 또 한편, 구글 같은 기업들은 학계 및 정부와 긴밀하게 협력하면서 인공지능 연구를 주도하고 있다. 현재는 한목소리로 '튼튼하고 이로운' 인공지능을 개발할 필요성을 역설하고 있지만, 인공지능이 연구개발 단계에서 기업에 엄청난 수익을 안겨줄 상품으로 옮겨갈 때 긴장이 일어날 수도 있다.

　그런데 인공지능 시스템이 인간이 하는 것과 같은 의미에서 의식적 생각을 지닌다는 것이 과연 그렇게 중요한 문제일까? 컴퓨터과학의 선구자인 에츠허르 데이크스트라$^{Edsger}$ $^{Dijkstra}$는 그것이 아무런 문제도 안 된다고 봤다. "기계가 생각할 수 있느냐는 질문은 잠수함이 헤엄칠 수 있느냐는 질문과 다를 바 없다." 고래와 잠수함 둘 다 물속에서 앞으로 나아가지만, 방식은 근본적으로 다르다. 그러나 많은 이들은 지적인 기계가 자의식을 지니느냐 아니냐가 대단히 중요하다고 본다. 미래의 진화를 우리의 머리뼈 안에 있는 '젖은$^{wet}$' 하드웨어가 아니라 전자적인 존재가 주도할 것이라는 시나리오에서는, 인간이 하듯이 바깥 세계를 '감지'할 수도 없고 우주의 경이를 감상할 수도 없는 좀비가 우리를 능가하는 능력을 지니게 된다면 우울해질지도 모른다. 아무튼 사회는 자율로봇이 변모시킬 것이다. 그들이 우리가 '진정한 이해'라고 부르는 것을 지닐지, 아니면 이해력 없이 능력만 지닌 백치천재$^{idiot\ savant}$가 될지는 잘 모르겠지만.

　매우 다재다능한 초지능 로봇은 인류가 만들 필요가 있는 마지막 발명품일 수 있다. 일단 기계가 인간의 지능을 넘어선다면, 기계는 더욱 지적인 신세대 기계를 스스로 설계하고 조립할 수 있을 것이다. 현재 물리학자들을 쩔쩔매게 하는 사변적인 과학의 주제들 중 일부, 즉 시간여행, 워프 항법, 초복합체 등은 세계를 물리적으로 바꾸는 새로운 기계들을 통해 이용 가능해질 수도 있다. 앞서 냉동인간을 다루면서 언급했던 레이 커즈와일은 그럼으로써 지능의 폭발적인 증가가 일어날 수 있다고 주장한다. 이른바 '특이점<sup>singularity</sup>'에 도달한다는 것이다.[13]

언젠가는 기계가 인간의 가장 독특한 능력들을 능가하리라는 점을 의심하는 사람은 거의 없다. 의견이 갈리는 부분은 나아가는 방향이 아니라 변화의 속도다. 인공지능 열광자들이 옳다면, 컴퓨터는 겨우 수십 년 안에 살과 피로 된 인간을 초월할 것이다. 그렇지 않다면, 수백 년이 걸릴 수도 있다. 그러나 인류의 출현에 이르기까지의 기나긴 진화 기간에 비춰 보면, 수백 년도 눈 깜박할 시간에 불과하다. 이 예측은 숙명론적인 것이 아니라 오히려 낙관론의 근거다. 우리를 대신할 문명은 상상도 할 수 없는 발전을 통해 이뤄질 수 있다. 아마 우리가 이해할 수도 없는 성취를 통해서 이뤄질 수도 있다. 3장에서는 그 발전을 지구 너머까지 확대하여 살펴볼 것이다.

# 진정으로 존재론적인 위기가 닥칠까?

우리 세계는 점점 더 정교한 연결망에 의존하고 있다. 전력망, 항공 교통 관제망, 국제 금융망, 세계로 퍼져 있는 제조망 등이 그렇다. 이런 연결망이 강한 탄력성을 지니지 못한다면, 고장으로 일어나는 파국이 그 혜택을 넘어설 수 있다. 2008년 세계 금융 위기 때 일어난 일들이 물질세계에 일어난다고 보면 된다. 예를 들어 전력망이 파괴된다면 도시는 마비될 것이다. 조명이 다 꺼지겠지만, 훨씬 더 심각한 결과는 따로 있을 것이다. 며칠 지나지 않아서, 도시는 거주할 수 없는 곳이 되고 무정부 상태에 빠질 것이다. 또 항공 여행은 며칠 사이에 전 세계로 유행병을 퍼뜨림으로써 중구난방으로 뻗어 나간 개발도상국의 메가시티들을 난장판으로 만들 수 있다. 그리고 소셜 미디어는 공포와 소문, 금융 위기를 말 그대로 빛의 속도로 퍼뜨릴 수 있다.

생명공학, 로봇공학, 정보기술, 인공지능의 힘 그리고 더 나아가 앞으로 수십 년에 걸쳐서 실현될 잠재력을 깨닫고 나면 그 힘이 오용될 수 있다는 불안감에 빠질 수밖에 없다. 역사 기록을 보면 문명이 무너지고 심지어 소멸된 사례들도 있다. 우리 세계는 너무나 긴밀하게 연결되어 있기에, 파국이 전 세계에 연쇄 효과를 일으키지 않으면서 어느 한 지역에만 국한되어 일어날 가능성은 거의 없다. 역사상 처음으로 우리는 진정으로 세계적인 문명의 퇴보를 가져올 사회적 또는 생태적 붕괴를 고민해야 할 상황에 와 있다. 그 퇴보는 일시적일 수도 있고, 생존자들이 결코 현재 수준으로 문명을 재건할 수 없을 만큼 세계가 황폐해질 수도 있다. 그리고 환경적으로나 유전적으로 심각한 쇠퇴가 수반될 수도 있다.

그러나 즉시 이런 의문이 떠오른다. 우리 모두에게 '죽음을 안길' 다른 유형의 극단적 사건들도 있을 수 있지 않을까? 인류 전체, 아니 더 나아가 모든 생명을 없앨 수 있는 파국 말이다. 제2차 세계대전 때 맨해튼 계획Manhattan Project(미국 정부가 주도한 최초의 원자폭탄 개발 계획-옮긴이)에 참여한 물리학자들은 이런 식의 프로메테우스적 우려Promethean concerns를 제기했다. 한 번의 핵폭발이 전 세계의 대기나 바다가 불타오르게 할 심지가 되지 않으리라고 절대적으로 확신할 수 있을까? 1945년 뉴멕시코에서 최초의 원자폭탄 실험인 트리니티 실험Trinity Test 이 이뤄지기 전, 에드워드 텔러Edward Teller는 두 명의 동료 연구자와 함께 그럴 확률을 계산했다. 그 계산 결과는 훨씬 나중에 로스앨러모스연구소를 통해 발표됐다. 그들은 안전 계수가 크다는 것을 확인했다. 그리고 다행히도, 그들이 옳았다. 지금 우리는 비록 그 자체로 엄청난 피해를 가져오긴 하지만, 핵무기 하나가 핵 연쇄 반응을 촉발하여 지구나 대기 전체를 파괴할 수 없다는 것을 확실히 안다.

하지만 더 극단적인 실험은 어떨까? 물리학자들은 세계를 구성하는 입자들과 그 입자들을 통제하는 힘들을 이해하려고 한다. 그들은 가장 극단적인 에너지, 압력, 온도를 시험하고자 애쓴다. 그 목적을 이루기 위해 거대하면서 정교한 장치를 만드는데, 바로 입자가속기다. 에너지를 한곳에 집중시키는 가장 좋은 방법은 원자를 광속에 가까운 엄청난 속도로 가속한 뒤, 서로 충돌시키는 것이다. 두 원자가 충돌할 때, 정상적인 원자핵을 이루고 있을 때보다 훨씬 더 큰 밀도와 압력이 가해져서 원자를 구성하는 양성자와 중성자가 훨씬 더 작은 입자로 쪼개진다. 그러면서 구성 성분인 쿼크quark가 튀어나온다. 빅뱅 이후 첫 나노초 때의 상황이 축소판으로 재현되는 셈이다.

일부 물리학자는 이런 실험이 훨씬 더 심각한 결과를 가져올 가능성이 있다는 점을 제기했다. 지구를 파괴하거나, 더 나아가 우주 전체를 파괴할 가능성이 있다는 것이다. 블랙홀이 형성되어서 주위의 모든 것을 빨아들일 수도 있다고 추측했다. 아인슈타인의 상대성 이론은 가장 작은 블랙홀을 만드는 데 필요한 에너지도 이런 충돌로 생길 수 있는 에너지보다 훨씬 크다고 말한다. 또 몇몇 새로운 이론은 통상적인 삼차원을 넘어서는 공간 차원을 추가로 상정한다. 그러면 중력의 영향이 더 강해지기에 작은 물질이 내파하여 블랙홀이 되기가 더 쉬워질 것이다.

두 번째 섬뜩한 가능성은 쿼크들이 스스로 재조립되어 기묘체strangelet라는 압축 물체가 되는 것이다. 기묘체는 그 자체로는 해가 없을 것이다. 그러나 몇몇 가설에서는 기묘체가 접촉하는 모든 것을 새로운 형태의 물질로 바꿀 수 있으며, 그 결과 지구가 지름 약 100미터의 초밀도 구체로 바뀔 수 있다고 본다.

이런 충돌 실험이 일으킬 가능성이 있는 세 번째 위험은 더욱 기묘한 것이자, 가장 큰 재앙을 일으킬 만한 것이기도 하다. 우주 자체를 삼키는 재앙이다. 빈 공간, 그러니까 물리학자들이 '진공'이라고 부르는 것은 그냥 무無가 아니다. 모든 일이 일어나는 곳이다. 물질세계를 지배하는 모든 힘과 입자가 들어 있는, 그 안에 잠재되어 있는 공간이다. 우주의 운명을 좌우하는 암흑 에너지의 창고다. 물이 고체인 얼음, 액체인 물, 기체인 증기라는 세 가지 형태로 존재할 수 있듯이 공간도 여러 '위상'으로 존재할지도 모른다. 게다가 현재의 진공은 허약하고 불안정할 수 있다. 다시 물에 비유하자면 '과냉각' 상태의 물이라고 할 수 있다. 가만히 놓여 있는 순수한 물은 정상적인 어는점보다 더 낮은 온도까지도 얼지 않고 냉각될 수 있다. 그러나 국소적인 작은 교란이 일어나기만 하면, 예컨대 먼지 알갱이 하나가 떨어지기라도 하면 과냉각된 물은 순식간에 얼음으로 변한다. 그와 마찬가지로, 입자들이 충돌할 때 생기는 농축된 에너지가 상전이phase transition(물리적 조건이 변화함으로써 물질의 평형상태나 상이 변하는 현상-옮긴이)를 촉발하여 공간 구조를 찢어버릴 수 있다고 추측하는 이들이 있다. 그러면 지구만이 아니라 우주적 재앙이 일어날 것이다.

이와 달리 가장 선호되는, 우리를 안심시키는 이론도 있다. 현재의 출력 내에서 이뤄지는 실험들이 위험을 일으킬 가능성이 '0'이라고 주장하는 이론이다. 그러나 물리학자들은 우리가 아는 모든 사실에 부합하는 다른 이론들도 떠올릴 수 있다. 심지어 그 이론에 맞는 방정식까지도 만들어낼 수 있다. 앞서 말한 재앙 중 어느 하나가 일어날 가능성을 완전히 배제할 수는 없다는 의미다. 이런 대안 이론들이 주류는 아니라 할지라도, 걱정할 필요조차 없을 만큼 황당한 것들일까?

물리학자들은 유례없이 에너지를 집중시키는 시설인 브룩헤이븐 국립연구소와 제네바의 CERN에서 강력한 새 입자가속기를 설치할 때, 이런 사변적인 '존재론적 위험'을 파악하라는 압력을 받았다. 나는 지극히 당연한 압력이라고 생각한다. 다행히도, 그들은 안심해도 좋다고 재확인해주었다. 사실,

나는 입자가속기에서 만들어질 수 있는 것보다 훨씬 더 많은 에너지를 지닌 입자인 '우주선cosmic ray'이 은하에서 자주 충돌하고 있음에도 공간이 찢겨나가는 일이 없었다는 사실을 지적한 사람 중 한 명이다.[14] 또한 우주선은 아주 밀도가 높은 별을 투과하면서도 그 별을 기묘체로 바꿔놓지 않는다.

그렇다면 위험을 피하려면 어떻게 해야 할까? 일부에서는 존재론적 재앙이 일어날 확률이 1,000만 분의 1 이하라면 충분하다고 주장할 것이다. 세계를 황폐화할 만큼 큰 소행성이 내년에 지구와 충돌할 확률보다 낮기 때문이다. 이는 인공 방사선이 바위에 포함된 라돈 같은 자연 방사선의 2배에 미치지 못하므로, 인공 방사선이 일으키는 추가 발암 효과를 수용할 만하다고 주장하는 것과 비슷하다. 그러나 그 기준이 충분히 엄격하지 못하다고 여기는 이들도 있다. 지구 전체가 위협을 받는다면, 대중은 그저 이론물리학자들의 호기심을 충족시키려는 목적으로 이뤄지는 그런 실험을 승인하기 전에 확률이 10억 분의 1, 심지어 1조 분의 1 이하라는 보장을 하라고 요구할 수도 있다.

그런 보장을 신뢰할 수 있을까? 내일 해가 뜨지 않을 확률이나 주사위를 던졌을 때 6이 연달아 100번 나올 확률에는 이런 값을 제시할 수도 있을 것이다. 우리는 그런 것들을 이해하고 있다고 확신하기 때문이다. 그러나 우리의 이해 수준이 낮다면, 사실상 확률을 부여할 수가 없다. 물리학의 최전선을 말하는 것이라면 당연히 그렇다. 즉 무언가가 일어날 가능성이 없다고 자신 있게 주장할 수가 없다. 이론이 무엇이든 간에, 유례없는 에너지로 원자들을 충돌시킬 때 어떤 일이 일어날 거라고 하는 이야기를 무턱대고 믿는 것은 성급하다.

의회 위원회에서 이런 질문이 나온다고 해보자. "정말로 자신의 생각이 틀렸을 확률이 10억 분의 1보다 낮다고 주장하나요?" 나는 그 질문에 "예"라고 말하기가 껄끄러울 것이다. 그러나 이런 질문을 받는다면 어떨까? "그런 실험이 세계에 새로운 에너지원을 제공할 혁신적인 발견을 가져올 수 있나요?" 나는 확률을 제시할 것이다.

그렇다면 문제는 있을 법하지 않은 이 두 사건의 상대적인 확률이다. 한쪽은 엄청나게 이로운 사건이고, 다른 한쪽은 재앙이다. 나는 비록 가능성이 아주 작긴 해도 '괜찮은 쪽', 즉 인류에게 혜택을 주는 쪽이 '우주적 파멸' 시나리오보다 일어날 가능성이 훨씬 크다고 추측하련다. 그런 생각은 실험을 진행하고자 할 때 양심의 가책을 제거할 것이다. 그러나 상대적인 확률을 정량화하기란 불가능하다. 따라서 그런 파우스트적 거래를 받아들이게 할 설득력 있는 사례를 제시하기가 어려울 수 있다. 혁신은 때로 위험할 수 있지만, 위험을 무릅쓰지 않으면 혜택을 보지 못할 수도 있다. '예방 원칙'을 적용하는 데에는 기회비용이 따른다. "아니요"라고 말했을 때의 숨겨진 비용 말이다.

그렇긴 해도, 물리학자들은 우주에서조차 선례가 전혀 없는 조건들을 생성하는 실험을 수행하고자 할 때 신중해야 한다. 마찬가지로 생물학자들은 세계를 황폐화할 수 있는 유전자 변형 병원체의 창조나 인간 생식계통의 대규모 변형을 피해야 한다. 정보기술 전문가들은 세계의 기반 시설이 연쇄적으로 붕괴될 위험을 인식해야 한다. 고등한 인공지능을 유리한 방향으로 활용하려는 혁신가들은 기계가 '장악한다'는 시나리오를 피해야 하기에 이런 위험을 과학소설로 치부하는 경향이 있다. 그러나 설령 거의 일어날 법하지 않다고 할지라도, 위험을 고려할 때 무시하지 말아야 한다.

존재론적 위험에 가까운 이 사례들은 학제 간 전문성과 전문가 및 대중 사이의 적절한 상호작용이 필요하다는 점도 보여준다. 게다가 신기술들을 적절히 잘 활용하려면 지역사회가 세계적이고 더 장기적인 맥락에서 생각해야 할 것이다. 이런 윤리적이고 정치적인 현안들은 5장에서 더 상세히 논의한다.

그런데 진정으로 존재론적 재앙을 피하기 위해서 우리가 부여해야 하는 우선순위는 철학자 데렉 파핏Derek Parfit이 고찰한 윤리적 문제에 달려 있다. 바로, 아직 태어나지 않은 이들의 권리다. 두 시나리오를 생각해보자. 시나리오 A는 인류의 90퍼센트가 사라진다고 말하고, 시나리오 B는 100퍼센트가 사라진다고 말한다. B가 A보다 얼마나 나쁠까? 어떤 이들은 10퍼센트 더 나쁘다고 말할 것이다. 사망자 수가 10퍼센트 더 많으니까. 그러나 파핏은 B가 비교할 수 없을 만큼 나쁘다고 주장한다. 인류의 멸종으로 미래에 태어날 수십억, 아니 수조 명의 사람까지 사라지기 때문이라는 것이다. 그리고 사실상 지구 바깥으로 멀리 퍼질 인간 이후의 열린 미래까지도 사라지고 만다.[15] 일부 철학자는 파핏의 논증을 비판하면서 '가능한 사람들', 즉 아직 태어나지 않은 사람들에게 실제 살고 있는 사람들과 같은 비중을 두어야 한다는 주장을 거부한다. 그들은 이렇게 말한다. "우리는 행복한 사람들을 더 많이 만드는 것이 아니라, 더 많은 사람을 행복하게 만들고 싶은 것이다."

설령 이런 소박한 공리주의 논증을 진지하게 받아들인다고 해도, 외계인이 이미 존재한다면 인류가 팽창함으로써 그들의 서식지를 잠식하는 것이 '우주의 전체 만족도'에 부정적인 기여를 하는 것일 수도 있다!

그러나 '가능한 사람들'에 관한 이 지적 유희를 떠나서, 인류의 종말이라는 전망은 현재 살고 있는 우리를 슬프게 할 것이다. 우리 대다수는 지난 세대의 유산 속에서 살아가기에, 앞으로 이어질 세대가 많지 않으리라고 믿는다면 우울해질 것이다.

설령 입자가속기 실험이나 인류를 파괴할 유전자 실험에 반대하는 쪽에 표를 던진다고 할지라도, 나는 그런 시나리오들이 '사고 실험'으로서 생각해볼 가치가 있다고 본다. 우리는 현재의 위험 목록에 있는 것들보다 훨씬 더 나쁜 인위적 위협들을 무시할 수 있다고 볼 근거를 전혀 지니고 있지 않다. 또한 미래 기술들이 가져올 수 있는 최악의 재앙에서 살아남을 수 있다고 확신할 근거 역시 전혀 지니고 있지 않다. 이런 맥락에

딱 들어맞는 격언이 있다. '낯설다는 것은 있을 법하지 않다는 것과 다르다.'[16]

　이런 윤리적 문제들은 일상생활과 거리가 멀긴 하지만, 그런 문제들을 논의하는 것이 시기상조는 아니다. 철학자들은 대체로 그런 논의를 반기는데, 과학자들에게도 이 문제는 도전 과제를 안겨준다. 사실 그런 문제들은 심오하고 동떨어져 보일 수도 있는 물리적 세계에 관한 의문들을 규명해야 하는 또 하나의 이유이기도 하다. 공간 자체의 안정성, 생명의 출현, 우리가 '물리적 현실'이라고 부르는 것의 범위와 특성 같은 의문들 말이다.

　그런 생각들을 하다 보면 초점이 자연스럽게 지구에서 우주로 옮겨간다. 다음 장의 주제가 바로 그것이다. 인류의 우주 비행이 '매혹적'이긴 하지만, 우주는 인류가 제대로 적응하지 못한 혹독한 환경이다. 따라서 그곳에서는 인간 수준의 인공지능을 통해 가능해질 로봇이 가장 밝은 전망을 지닐 것이다. 그러면 인류도 생명공학과 정보기술을 통해 더 진화할지 모른다.

# ON THE FUTURE

온 더 퓨처

CHAPTER 3

우주적 관점에서 본 인류

# 우주적 맥락에서의 지구

1968년 아폴로 8호의 우주 비행사 빌 앤더스Bill Anders는 달의 지평선 너머 멀리서 빛나는 지구를 사진으로 찍었다. 그는 이 지구돋이Earthrise 사진이 세계 환경 운동의 상징이 되리라는 점은 미처 몰랐을 것이다. 다음 해에 닐 암스트롱Neil Armstrong이 달에 첫 번째 걸음을 내디디는데, 앤더스의 사진에는 그 황량한 달의 풍경과 대조되는 지구의 섬세한 생물권이 잘 드러나 있다. 또 한 장의 유명한 지구 사진은 탐사선 보이저 1호가 1990년에 60억 킬로미터 떨어진 곳에서 찍은 것이다. 천문학자이자 우주과학자인 칼 세이건Carl Sagan은 이 사진을 보고 영감을 얻어《창백한 푸른 점》을 출간했다.[1]

그 점을 다시 보라. 그것이 바로 여기, 우리 집, 우리 자신이다. 우리가 사랑하는 모든 이들, 우리가 아는 모든 이들, 우리가 전해 들은 모든 이들, 지금까지 살았던 모든 사람이 바로 그 점에 있다. (…) 우리 종의 역사에 등장한 모든 성인과 범죄자가 거기에 살았다. 햇빛에 떠다니는 한 알의 티끌 위에서 말이다.

우리 행성은 드넓은 우주의 어둠에 감싸여 있는 고독한 한 점의 얼룩이다. 다른 어딘가에서 우리 자신으로부터 우리를 구하러 도움의 손길이 올 것이라는 단서는 전혀 없다. 지구는 지금까지 생명을 품고 있다고 알려진 유일한 세계다. 좋든 싫든 간에, 당분간 우리는 지구에서 버텨야 한다.


이런 정서는 지금도 우리의 공감을 불러일으킨다. 어떻게 하면 인간이 아닌 기계를 통해 태양계 너머 멀리까지 우주 탐사를 할 수 있을지를 놓고 진지한 논의가 이뤄지고 있다. 비록 먼 미래의 일이긴 해도 그렇다(보이저 1호는 40년 넘게 항해한 지금도 아직 태양계의 가장자리에 있다. 가장 가까운 별까지 가려면 수만 년은 걸릴 것이다).

다윈 이후로 우리는 지구의 역사가 길다는 것을 알았다.

그는 《종의 기원》에서 이런 친숙한 말로 결론을 맺는다.

> 이 행성이 정해진 중력 법칙에 따라 계속 도는 동안, 처음에 그토록 단순한 것에서부터 (…) 대단히 아름답고 경이로운 무수한 형태로 진화했고 지금도 진화하고 있다.

현재 우리는 마찬가지로 기나긴 미래까지 추정하고 있으며, 이 장에서 다루려는 주제가 바로 그것이다.

다윈이 말한 '처음에 그토록 단순한 것', 즉 젊은 지구는 화학과 구조 면에서는 복잡하다. 천문학자들은 다윈과 지질학자들이 할 수 있었던 것보다 더욱 먼 과거까지 탐사하려고 한다. 행성, 별, 그 구성 원자의 기원을 찾아 나선다.

우리 태양계 전체는 약 45억 년 전에 먼지와 가스로 형성된 원반이 회전하면서 응축하여 생긴 것이다. 그런데 그 원자들은 어디에서 왔을까? 왜 산소와 철 원자는 풍부한 반면, 금 원자는 그렇지 않을까? 다윈은 이 질문을 제대로 이해하지 못했을 것이다. 그의 시대에는 원자의 존재 자체가 논쟁거리였으니까. 그러나 현재 우리는 우리가 지구에 있는 생명의 그물 전체와 많은 유전자를 공통으로 지니고 있을 뿐 아니라 같은 조상에서 유래했으며, 우주와도 연관되어 있음을 안다. 태양을 비롯한 별은 핵융합로다. 수소를 헬륨으로 융합하고, 이어서 헬륨을 탄소·수소·인·철을 비롯한 주기율표의 다른 원소들로 융합하면서 에너지를 얻는다. 별은 수명이 다할 때 그렇게 '가공된' 물질을 성간 우주로 분출한다. 무거운 별은 초신성 폭발을 통해 분출한다. 그 물질들 중 일부가 새 별을 만드는데 재활용되는데, 태양도 그런 별 중 하나다.

우리가 한 번 숨을 들이마실 때 유입되는 수조 개의 $CO_2$ 분자 중 하나에 들어 있는 전형적인 탄소 원자는 50억 년 넘게 이어지는 장엄한 역사를 지니고 있다. 그 원자는 아마 석탄 덩어리가 탈 때 대기로 방출됐을 것이다. 그 석탄 덩어리는 2억 년 전 원시림에 있던 나무의 잔해였다. 그 전에는 지구가 형성된 이래로 지각과 생물권, 바다 사이를 순환했다. 더 거슬러 올라가면 그 원자가 고대의 어떤 폭발한 별에서 튀어나와 성간 우주를 맴돌다가, 원시 태양계가 응축될 때 말려들어서 어린 지구에 들어왔음을 알게 될 것이다. 우리는 말 그대로 오래전에 죽은 별의 재다. 낭만적으로 들리진 않겠지만, 별을 밝히는 데 쓴 연료에서 나온 핵폐기물이다.

천문학은 오래된 과학이다. 아마 의학을 제외하면 가장 오래된 학문일 것이다. 나는 천문학이 인류에 유익했다고 주장하고 싶다. 날짜를 세고, 시간을 계산하고, 방향을 찾는 데 도움을 주었으니 말이다. 지난 수십 년 동안 우주 탐사는 순탄한 길을 걸어왔다. 인류는 달에 발자국을 남겼다. 로봇 탐사선은 다른 행성들로 날아가 흥미로우면서 다양한 세계의 사진을 전송했다. 그중 일부는 행성에 착륙하기도 했다. 현대 망원경은 우주 탐사의 지평을 넓혀왔고 우주에 블랙홀, 중성자별, 대규모 폭발 등 놀라운 천체들이 만물상을 이루고 있음을 보여줬다. 우리 태양은 우리 은하인 은하수에 속해 있고, 은하수에는 1,000억 개가 넘는 별이 있다. 그 별들은 모두 거대한 블랙홀이 숨어 있는 중심축 주위를 돌고 있다. 그리고 우리 은하는 망원경으로 보이는 것으로만 1,000억 개가 넘는 은하 중 하나에 불과하다. 우리는 138억 년 전에 우주 전체의 팽창을 촉발한 빅뱅의 '메아리'도 검출했다. 우주는 바로 그렇게 탄생했다. 자연의 모든 기본 입자가 그렇게 생겨났다.

나 같은 책상물림 이론가들은 이 발전에 기여한 바가 거의 없다고 할 수 있다. 이런 발전은 주로 망원경, 우주선, 컴퓨터의 기술 발전에 힘입어 이뤄졌다. 이런 발전 덕분에 우리는 모든 것이 엄청난 온도와 밀도로 압축되어 있던 수수께끼 같은 상태에서 시작되어 원자·별·은하·행성이 출현하기까지, 그리고 한 행성인 우리 지구에서 원자들이 조합되어 최초의 생물체를 빚어내 우리 같은 존재로 진화하기까지의 연쇄적인 사건들을 이해할 수 있다.

과학은 진정으로 세계 문화다. 국적과 신앙의 모든 경계를 초월한다. 천문학은 특히 더 그렇다. 밤하늘은 우리 하늘의 가장 보편적인 특징이다. 인류 역사 내내 전 세계의 사람들은 하늘의 별을 바라보면서 나름의 방식으로 해석해왔다. 하지만 지난 10년 사이에 밤하늘은 우리 조상들이 바라봤던 것보다 훨씬 더 흥미로운 것이 되었다. 우리는 대부분의 별이 그저 반짝이는 빛의 점이 아니라 태양처럼 행성들에 에워싸여 있다는 것을 밝혀냈다. 놀랍게도 우리 은하는 지구형 행성 수백만 개를 품고 있다. 생명체가 거주할 수 있을 것으로 보이는 행성들이다.

그런데 정말로 저 바깥에 누군가가 살고 있을까? 생명체가, 더 나아가 지적인 존재가 살고 있을까? 우리가 우주 전체에서 어떤 위치에 놓이는지를 이해하고자 할 때 이보다 더 중요한 질문이 있을까.

다양한 언론 매체에 실린 덕분에 오늘날 수많은 사람이 이런 문제들에 흥미를 보인다. 천문학자들과 생태학 같은 분야의 연구자들은 자신의 연구 분야가 대중의 폭넓은 관심을 받으면 흡족해한다. 나도 그중 한 명이다. 그저 동료 전문가 몇 명과만 토론을 하는 식이었다면, 연구를 하면서 얻는 만족감은 훨씬 적었을 것이다. 게다가 이 주제는 긍정적이고, 전혀 위협적이지 않다. 원자력학, 로봇학, 유전학 등 대중에게 양가감정을 일으키는 분야들과는 다르다.

비행기에 탔을 때 옆자리 사람과 대화를 나누고 싶지 않다면, "나는 수학자입니다"라고 소개해보라. 그러면 확실하게 대화가 차단된다. 반대로 "나는 천문학자입니다"라고 말하면 상대의 흥미를 자극하곤 한다. 그럴 때 가장 먼저 나오는 질문은 대개 이것이다. "외계인이 있다고 보나요, 아니면 우리만 있다고 보나요?" 나 역시 그 질문에 흥미를 갖고 있으므로, 언제나 기꺼이 이야기를 나눈다. 그리고 그 질문은 대화를 촉발하는 방아쇠라는 장점도 지닌다. 누구도 답을 알지 못하므로, 전문가와 호기심 많은 일반인 사이의 장벽이 더 낮다. 이 호기심 자체는 새로울 것이 없다. 그러나 역사상 처음으로, 이제 우리는 답을 얻을 수 있으리라는 희망을 품고 있다.

'생명이 거주하는 다수의 세계'가 존재하리라는 추측은 고대에도 있었다. 17세기부터 19세기까지는 태양계의 다른 행성들에도 생물이 살고 있다는 생각이 널리 퍼져 있었다. 그 추론은 과학적이라기보다는 신학적일 때가 더 많았다. 19세기의 저명한 사상가들은 생명이 우주 전체에 퍼져 있는 게 틀림없다고 주장했다. 그처럼 방대한 우주에 생명이 없다면 창조주가 노력을 낭비한 꼴이 될 테니 말이다. 자연선택 이론의 공동 창안자인 앨프리드 러셀 월리스는《우주에서 인간의 위치Man's Place in the Universe》라는 인상적인 저서에서 그런 생각에 흥미로운 비판을 가한다.[2] 월리스는 물리학자 데이비드 브루스터David Brewster가 제시한 개념을 특히 통렬하게 비판했다. 브루스터는 광학에서 쓰이는 '브루스터각'이라는 용어로 잘 알려진 인물인데, 그런 믿음을 논거로 삼아서 달에도 틀림없이 누군가가 살고 있을 것으로 추측했다. 그는《하나보다 많은 세계

**More Worlds Than One**》라는 저서에서 이렇게 밝혔다.

달이 오로지 지구를 비추는 등불이 될 운명이었다면, 표면이 높은 산과 사화산으로 얼룩덜룩하고 빛의 반사량이 서로 다른 물질로 넓은 면적이 뒤덮여 있어서 여기저기 대륙과 바다가 있는 양 보이게 할 이유가 전혀 없다. 매끄러운 한 덩어리의 석회암이나 백악으로 만들었다면 더 나은 등불이 됐을 것이다.

19세기 말에 많은 천문학자들은 태양계의 다른 행성들에도 생명이 존재한다고 너무나 확신한 나머지, 다른 행성의 생명체와 처음으로 접촉한 사람에게 주겠다며 10만 프랑의 상금을 내걸었다. 다만, 화성인과의 접촉은 제외했다. 그 일은 너무 쉽다고 생각했기 때문이다! 화성에 운하망이 있다는 잘못된 주장은 그 붉은 행성에 지적인 생명체가 있다는 긍정적인 증거로 받아들여졌다.

우주 시대가 되자, 찬물을 끼얹는 소식들이 들려왔다. 열대 습지가 무성하게 펼쳐져 있으리라고 상상했던 구름 낀 행성인 금성은 숨 막히는 부식성 기체로 가득한 지옥임이 드러났다. 수성은 구멍이 숭숭 난 황량한 돌덩어리였다. 지구와 가장 비슷한 행성인 화성조차도 아주 희박한 대기를 지닌 지독히 추운 사막임이 드러났다. 그러나 나사의 탐사 로봇 큐리오시티<sup>Curiosity</sup>는 물을 발견했을 수도 있다. 그리고 지하에서 메탄가스가 스며 나오는 것을 검출했다. 비록 지금은 흥미로운 생명체가 전혀 없는 듯하지만, 오래전에 살았던 생물이 썩으면서 방출되는 것일 수도 있다.

태양에서 더 멀리 떨어진 더 추운 천체들 중에서 목성의 달인 유로파와 토성의 달인 엔켈라두스는 생명이 있을 가능성이 큰 곳이다. 이 천체들은 얼음으로 덮여 있는데, 그 밑의 바다에서 생물들이 헤엄치고 있을지도 모른다. 그들을 탐색할 우주 탐사선이 구상 중이다. 그리고 토성의 또 다른 달인 타이탄에 있는 메탄 호수에는 색다른 생명이 존재할 수도 있다. 그러나 누구도 낙관할 수는 없다.

태양계에서 지구는 골디락스<sup>Goldilocks</sup> 행성이다. 즉 너무 뜨겁지도 너무 춥지도 않다는 뜻이다. 너무 뜨겁다면, 가장 강인한 생물조차도 바싹 튀겨질 것이다. 너무 춥다면, 생명을 창조하고 부양하는 과정이 너무 느리게 진행됐을 것이다. 태양계 어딘가에서 생명체의 흔적이라도 발견된다면, 역사의 이정표가 될 것이다. 생명이 엄청난 행운의 산물이 아니라 우주에 널리 퍼져 있음을 말하는 것이기 때문이다. 지금 우리가 아는 한 생명이 출현한 곳은 단 한 군데, 즉 지구뿐이다. 생명의 기원이 우리 은하 전체에서 단 한 번 일어났던 아주 특별하고도 우연한 사건을 필요로 한다는 주장도 논리적으로 가능하다. 그러나 생명이 한 행성계에서 두 차례 출현했다면, 흔할 것이 틀림없다.

다만, 여기에는 한 가지 중요한 단서가 붙는다. 생명이 흔하다는 추론을 끌어내려면, 먼저 그 두 생명체가 한 장소에서 다른 장소로 옮겨온 것이 아니라 서로 독자적으로 출현했다는 것이 확인되어야 한다. 그러므로 화성의 생명체보다는 유로파 얼음 밑의 생명체가 더 확실한 증거가 될 것이다. 우리 모두가 화성에서 유래했다고 상상할 수도 있기 때문이다. 일테면 소행성이 화성과 충돌할 때 원시 생명체가 실린 암석이 튕겨나왔고, 그 생명체가 지구에서 진화했다고 볼 수도 있다.

# 우리 태양계 너머로

생명이 존재할 수 있는 유망한 '부동산'을 찾으려면, 태양계 너머로 시선을 돌려야 한다. 현재 우리가 고안할 수 있는 탐사선으로는 닿지 못할 먼 곳까지다. 대부분의 별이 행성을 지니고 있다는 것이 알려지면서 외계생물학이라는 분야 전체가 새로워지고 활기를 얻었다. 이탈리아 수도사 조르다노 브루노Giordano Bruno는 일찍이 16세기에 그럴 것으로 추정한 바 있다. 천문학자들은 1940년대에 이르러서야 그가 옳다고 생각했다. 스쳐 지나가던 별의 중력으로 태양이 일부 찢겨 나온 조각에서 태양계가 형성됐다는 이전의 이론(그만큼 행성계가 드물다는 의미가 함축되어 있었을 것이다)은 그때쯤 불신을 받고 있었다. 대신 성간 구름이 중력에 응축되어 별을 형성할 때 성간 구름이 회전하고 있었다면, 그 가스와 먼지로 된 원반에서 '떨어져 나간' 것들이 뭉쳐서 행성이 될 것이라는 개념이 받아들여졌다.

이윽고 1990년대가 되자 외계 행성이 있다는 증거가 나오기 시작했다. 대부분의 외계 행성은 직접 관측할 수 없다. 그 행성이 도는 별을 세심하게 관측함으로써 존재를 추론한다. 주된 기법은 두 가지다.

첫 번째는 행성이 어떤 별의 주위를 돈다면, 행성과 별은 공통의 질량 중심을 갖게 되고 사실상 둘 다 그 질량 중심의 주위를 돌게 된다. 별은 훨씬 더 무겁기 때문에 더 느리게 움직인다. 별빛을 정밀하게 관측하면 궤도를 도는 행성이 일으키는 주기적인 운동을 알아낼 수 있다. 도플러 효과Doppler effect(빛을 내는 물체가 다가올 때면 파란색, 멀어질 때면 빨간색 쪽으로 치우치는 현상-옮긴이)가 일어나기 때문이다. 제네바천문대에 있던 미셸 마이어Michel Mayor와 디디에 켈로즈Didier Queloz가 1995년에 처음으로 이를 관측해냈다. 그들은 51 페가시[51 Pegasi]라는 별을 돌고 있는 '목성만 한 질량'의 행성을 발견했다.[3] 그 뒤로 같은 방법을 써서 400개가 넘는 외계 행성을 발견했다. 이 '별 흔들림 stellar wobble' 관측 기법은 주로 거대 행성에 적합하다. 토성이나 목성만 한 천체다.

아마 우리에게 유달리 흥미로운 행성은 지구의 '쌍둥이' 라 할 행성일 것이다. 물이 끓거나 계속 얼어 있는 상태가 아닌 온도 범위의 거리, 즉 태양으로부터 지구까지의 거리와 비슷한 거리에서 태양과 비슷한 별을 돌고 있는 지구만 한 크기의 행성을 말한다. 그러나 목성보다 수백 배 더 가벼운 이런 행성을 관측하기란 정말로 어렵다. 그런 행성이 별에 일으키는 흔들림은 초당 몇 센티미터에 불과하다. 관측 장비가 빠르게 발전하고 있긴 하지만, 이런 움직임은 너무 작아서 아직은 도플러 방법으로 검출할 수가 없다.

그러나 두 번째 기법이 있다. 그 행성의 그림자를 관측하는 방법이다. 행성이 별의 앞쪽을 가로지를 때 그 별빛은 조금 어두워질 것이다. 이 흐릿해짐은 일정한 간격으로 반복될 것이다. 그런 자료는 두 가지를 드러낸다. 우선 흐릿해지는 간격은 행성의 1년 길이를 알려준다. 그리고 흐릿해지는 정도는 행성이 횡단할 때 별빛의 몇 퍼센트가 가려지는지, 따라서 행성이 얼마나 큰지를 알려준다.

　지금까지 가장 중요한 것으로 꼽히는 행성 횡단 연구는 천문학자 요하네스 케플러[Johannes Kepler]의 이름을 딴 나사 우주망원경을 통해 이뤄졌다.[4] 이 우주망원경은 10만 분의 1 수준의 정밀도로 별 15만 개의 밝기를 3년 넘게 측정했다. 별마다 시간당 1회 이상 측정했다. 케플러는 횡단하는 행성 수천 개를 발견했는데, 그중에는 지구만 한 것들도 있었다. 케플러 계획에 앞장선 인물은 1964년부터 나사에서 일한 미국인 공학자 윌리엄 보루키[William Borucki]였다. 그는 1980년대에 그 개념을 구상한 뒤, 연구비도 없는 상태에서 '주류' 천문학계의 조롱을 받으면서도 꿋꿋하게 그 연구를 수행했다. 마침내 그는 당당히 성공을 거두었다. 그의 나이가 70대에 이르렀을 때였다. 그러니 특별한 찬사를 받아 마땅하다. 이 사례는 '가장 순수한' 과학조차 장치 제작자에게 극도로 의존하고 있음을 보여준다.

　이미 발견된 외계 행성들을 보면, 모두 제각각이다. 별난 궤도를 지닌 행성도 있다. 한 행성의 하늘에는 태양이 4개나 떠 있다. 그 행성은 쌍성 주위의 궤도를 도는데, 그 쌍성 자체도 다른 쌍성 주변의 궤도를 돌기 때문이다. 이 행성은 아마추어 '행성 사냥꾼들'이 발견했다. 어떤 별의 케플러 자료를 조사하여 그 별의 밝기가 '흐려지는' 때가 있음을 맨눈으로 찾아낼 수 있는 열성 애호가라면 누구나 행성 사냥꾼이 될 수 있다. 행성이 두 개의 별을 돌 때는 하나의 별을 돌 때보다 흐려지는 양상이 덜 규칙적이다.

지구에서 4광년밖에 떨어지지 않은 가장 가까운 별인 프록시마켄타우리<sup>Proxima Centauri</sup>의 궤도를 도는 행성도 있다. 프록시마켄타우리는 이른바 M형 왜성이다. 우리 태양보다 약 100배 흐릿한 별이다. 2017년 벨기에 천문학자 미카엘 지용<sup>Michaël Gillon</sup> 연구진은 또 다른 M형 왜성을 중심으로 한 축소판 태양계를 발견했다.[5] 7개의 행성이 그 별 주위의 궤도를 돌고 있었는데, 각 행성의 1년은 지구일로 1.5일에서 18.8일이었다. 바깥의 세 행성은 거주 가능한 구역에 속하는데, 가서 산다면 놀라운 일들을 접할 것이다. 한 행성의 표면에서 보면, 우리 달만 한 크기의 행성들이 빠르게 하늘을 가로지르는 모습이 보일 것이다. 그러나 이 행성들은 지구답지 않을 것이다. 아마 조석 고정 현상이 일어나서 늘 같은 면이 별을 향해 있을 것이다. 즉 행성의 반쪽은 늘 빛을 받고, 다른 반쪽은 영구히 어둠에 잠겨 있을 것이다(있을 법하지 않지만 그 행성에 지적인 생명체가 존재한다면, 일종의 '격리'가 이뤄져 있지 않을까. 어두운 쪽 반구에는 천문학자들이 있고, 나머지 사람들은 모두 반대쪽 반구에서 살아가는 식으로). 그러나 M형 왜성 특유의 강렬한 자기 폭풍 때문에 대기가 다 사라져서 생명이 살기에 안 좋은 환경이 되어 있을 가능성이 크다.

지금까지 찾아낸 외계 행성은 거의 다 간접 추론을 통해서 알아낸 것이다. 그 행성이 도는 별의 운동이나 밝기에 미치는 영향을 관측함으로써다. 직접 관측하고 싶지만, 정말로 어려운 일이다. 얼마나 어려운지 실감할 수 있도록 한 가지 가정을 해보겠다. 외계인이 존재하고, 외계인 천문학자가 성능 좋은 망원경으로 30광년 떨어진 곳에서, 즉 가까운 별에서 지구를 관측하고 있다고 하자. 칼 세이건의 말을 빌리자면, 우리 행성은 수백만 배 더 밝은 별(우리 태양)의 아주 가까이에 붙어 있는 '창백한 푸른 점'처럼 보일 것이다. 탐조등 불빛 바로 옆에 있는 반딧불이와 비슷할 것이다. 푸른 색깔은 외계인을 향한 면이 태평양인지 유라시아 대륙인지에 따라서 조금 달라질 것이다. 외계인 천문학자는 우리의 하루 길이, 계절, 대륙과 대양의 유무, 기후를 추론할 수 있을 것이다. 흐릿한 빛을 분석함으로써 지구의 표면이 식물로 덮여 있고 대기에 산소가 있음을 추론할 수 있을 것이다.

오늘날 가장 큰 지상 망원경은 국제 협력을 통해 세워진다. 하와이 마우나케아산 봉우리와 칠레 안데스 고원의 맑고 메마른 하늘 아래 놓여 있다. 그리고 남아프리카공화국은 세계 최대의 광학망원경 중 하나를 지니고 있을 뿐 아니라, 호주와 함께 세계 최대의 전파망원경인 스퀘어킬로미터어레이Square Kilometre Array를 건설하는 데 주도적인 역할을 하고 있다. 또 유럽 천문학자들은 태양 같은 별의 궤도를 도는 지구만 한 크기의 행성에서 반사되는 빛을 포착할 수 있는 망원경을 칠레 산꼭대기에 건설 중이다. 바로, 유럽 초거대 망원경European Extremely Large Telescope, E-ELT이다. 상상력을 발휘하거나 과장한 것이 아니라 곧이곧대로 붙인 이름이다! 뉴턴이 처음 만든 반사망원경은 거울의 지름이 10센티미터였는데, E-ELT는 39미터에 달할 것이다. 작은 거울들을 촘촘히 붙인 것으로 총면적이 10만 배 이상 넓어 감도가 놀랍게 향상됐다.

지금까지 가까운 별들의 행성을 조사한 통계 자료에 비춰 볼 때, 은하수 전체에 '지구형' 행성 약 10억 개가 있다고 추론된다. 지구형이란 크기가 지구만 하고, 물이 끓지도 영구히 얼어 있지도 않은 형태로 존재할 수 있는 거리만큼 별과 떨어져 있다는 의미를 나타낸다. 그중에는 별난 행성들도 있을 것으로 예상할 수 있다. 표면 전체가 바다로 덮여 있는 '물의 세계'도 있을 것이고, 금성처럼 극도의 '온실효과'로 뜨거워져서 멸균 상태가 된 행성도 있을 것이다.

이 행성들 중에서 화성에서 찾을지도 모를 생명체보다 훨씬 더 흥미로우면서 색다른 생명체를 지닌 행성은 얼마나 될까? 지적인 생명체라고 불릴 만한 존재를 지닌 행성은 또 얼마나 될까? 우리는 그 확률이 얼마나 될지 알지 못한다. 사실 화학물질의 '혼합물'로부터 대사와 번식을 하는 실체가 출현하는 것이 우리 은하 전체에서 지구에 단 한 차례만 일어난, 극도로 드문 행운의 산물일 가능성도 아직 있다. 그런 한편으로, 이 중요한 전이가 '적절한' 환경에서는 거의 필연적으로 일어나는 것일 수도 있다. 우리는 그저 알지 못할 뿐이다. 게다가 지구 생명의 DNA/RNA 화학이 유일한 가능성인지, 아니면 다른 어디에서든 실현될 수 있는 많은 화학적 토대 중 하나에 불과한지도 알지 못한다. 또 더 근본적인 차원에서, 물이 정말로 생명에 필수적인지 아닌지도 알지 못한다. 타이탄의 차가운 메탄 호수에서 생명이 출현하는 화학적 경로가 있다면, '거주 가능한 행성'의 정의는 훨씬 더 확장될 것이다.

머지않아 이런 핵심 질문들에 명확한 답이 나올지도 모른다. 생명의 기원은 현재 더욱 큰 관심을 불러일으키고 있다. 명백히 중요하긴 하지만 적절히 해결할 수 없어 보이는 초고도 난제ultrachallenging problems('의식'은 여전히 이 범주에 든다)에서 벗어날 날이 머지않은 듯하다. 생명의 시작을 이해하는 일은 외계 생명의 존재 가능성을 평가한다는 측면에서만이 아니라 지구 생명의 출현이 여전히 수수께끼이기 때문에도 중요하다.

우리는 생명이 우주의 어디에서 출현하고 어떤 형태를 취할 것인가라는 질문을 대할 때 열린 마음을 지녀야 한다. 그리고 지구형이 아닌 행성에서 지구형이 아닌 생명이 존재할 가능성도 염두에 두어야 한다. 이곳 지구에서조차 생명은 가장 적대적인 곳에서도 살아간다. 수천 년 동안 햇빛 한 줄기 들지 않았던 컴컴한 동굴, 메마른 사막의 바위 틈새, 깊은 지하, 가장 깊은 해저의 열수 분출구 주변에서도 산다. 그러나 우리가 아는 것에서 시작하여(등잔 밑부터 뒤지는 전략) 사용할 수 있는 모든 기법을 동원하여 지구형 외계 행성의 대기가 있다는 증거를 찾아내는 것도 일리가 있다. 2020년대에 깊은 우주에 띄울 제임스 웹 우주망원경과 지상에 설치할 E-ELT 같은 거대한 망원경들을 통해서 앞으로 10~20년 안에 단서들을 얻게 될 것이다.

이런 차세대 망원경들도 중심에 있는 더 밝은 별의 스펙트럼과 그 주변 행성 대기의 스펙트럼을 구별하기란 쉽지 않을 것이다. 그러나 금세기 중반 이후를 내다본다면, 깊은 우주에서 제작 로봇들을 통해 아주 얇으면서 길이가 몇 킬로미터에 이르는 거울들을 장착한 우주망원경들이 조립되어 방대한 관측망이 구축되는 광경을 상상할 수 있다. 아폴로 8호의 지구돋이 사진이 찍힌 지 100주년이 되는 2068년이면, 그런 장치가 더욱 영감을 주는 사진을 제공할 수 있을 것이다. 어쩌면 먼 별을 도는 제2의 지구 모습을 보여줄지도 모른다.

# 유인 우주선과 무인 우주선

어릴 때, 그러니까 1950년대에 내가 즐겨 읽던 책 중에 〈이글Eagle〉이라는 만화책이 있었다. 나는 특히 '댄 데어: 미래의 조종사' 편에 나오는 모험 이야기가 마음에 들었다. 지구 궤도를 도는 도시, 제트팩, 외계 침입자가 등장하는 그림체 좋은 만화였다. 그랬기에 우주 비행이 현실이 됐을 때 나사나 소련의 우주 비행사들이 입은 우주복은 내게 친숙했으며, 발사하고 도킹하고 하는 장면들도 그랬다. 우리 세대는 영웅적인 선구자들의 잇따른 업적을 열광하면서 지켜봤다. 유리 가가린Yuri Gagarin의 첫 궤도 비행, 알렉세이 레오노프Alexey Leonov의 첫 우주 유영, 그리고 물론 달 착륙도 관심거리였다. 나는 궤도 비행을 한 최초의 우주인인 존 글렌John Glenn이 우리 고향 마을을 방문했을 때를 기억한다. 발사를 기다리면서 로켓의 콧등 안에 틀어박혀 있을 때 무슨 생각을 했는지 묻자, 그는 이렇게 답했다. "이 로켓에는 부품 2만 개가 들어갔는데, 모두 최저가 입찰로 구매한 것이라는 사실을 생각하고 있었어요." (글렌은 나중에 미국 상원의원이 됐고, 더 훗날인 일흔일곱 살 때는 최고령 우주 비행사로서 STS-95 우주왕복선에 탑승했다.)

지구 궤도로 올라간 최초의 인공물인 소련의 스푸트니크 1호가 비행한 지 겨우 12년 뒤인 1969년, 인류는 달 표면에 역사적인 '첫 번째 작은 걸음'을 내디뎠다. 나는 달을 볼 때면 언제나 닐 암스트롱과 버즈 앨드린Buzz Aldrin이 떠오른다. 돌이켜 보면 그들의 성취는 단순히 영웅적인 행위를 넘어선다. 당시 그들은 원시적인 컴퓨터 성능과 검증되지 않은 장비들에 전적으로 의존해야 했으니까. 당시 닉슨 대통령의 연설문 작가였던 윌리엄 새파이어William Safire는 우주 비행사들이 달에 충돌하거나 우주에서 길을 잃는 상황을 고려하여 추도 연설문 초안도 써놓았다.

평화로운 탐사를 위해 달로 간 분들이여, 달에서 평온히 잠들기를. 그들은 돌아올 희망이 전혀 없음을 안다. 그러나 자신들의 희생이 인류에게 희망이 되리라는 것도 알리라.

아폴로 계획은 반세기가 지난 지금 인류가 감행한 우주 모험의 정점으로 남아 있다. 그 계획은 러시아와 맞선 '우주 경쟁'이었다. 즉 초강대국끼리의 경쟁이었다. 그 추진력이 그대로 유지됐다면, 지금쯤 인류는 화성에 발자국을 남겼을 것이다. 우리 세대는 거기까지 기대했다. 그러나 일단 경쟁에서 이기자, 필요한 지출을 계속할 동기가 사라지고 말았다. 1960년대에 나사는 미연방 예산의 4퍼센트 이상을 썼지만, 지금은 0.6퍼센트를 받는다. 오늘날의 젊은이들은 미국이 달에 사람을 보냈다는 것을 안다. 또 이집트인들이 피라미드를 세웠다는 것도 안다. 그러나 이 두 가지를 거의 똑같이 국가적 목표로 추진된 별난 옛 역사처럼 여긴다.

그 뒤로 수십 년 동안 수백 차례 더 우주로 나가는 모험이 이뤄졌지만, 지구의 낮은 궤도를 도는 수준에서만 이뤄졌다. 국제우주정거장ISS은 아마 지금까지 만들어진 것 중에 가장 값

비싼 인공물일 것이다. 그 자체를 운영하는 비용뿐 아니라 ISS 와 지구를 오가는 것이 주요 용도인 우주왕복선을 운영하는 비용(지금은 없지만)을 더하면 족히 1,000억 달러를 넘었다. ISS 로부터 적잖은 과학적·기술적 성과를 얻긴 했지만, 무인 탐사 계획에 비하면 비용 대비 효과가 떨어진다. 게다가 이런 우주 항해는 예전에 러시아와 미국의 선구적인 우주 탐사가 했던 식의 영감을 불어넣지 못한다. ISS는 변기가 고장 나는 등 뭔가 문제가 생기거나 캐나다 우주 비행사 크리스 해드필드 Chris Hadfield가 기타 연주를 하면서 노래를 부르는 등의 묘기를 부릴 때나 뉴스에 등장한다.

유인 우주 탐사의 중단은 경제적 또는 정치적 수요가 전혀 없을 때, 실제로 이뤄지는 일이 이룰 수 있는 수준에 한참 못 미친다는 것을 보여주는 사례다(초음속 비행도 그런 사례. 콩코 드 항공사는 공룡의 전철을 밟았다. 그에 반해 정보기술에서 파생된 것들 은 예측가들과 관리 전문가들이 예상한 것보다 훨씬 더 빠르게 발전하면 서 전 세계로 퍼졌다).

그렇긴 해도 지난 40년 동안 우주기술은 발전해왔다. 우리는 통신, 위성 위치 확인, 환경 모니터링, 감시, 날씨 예보에 궤도를 도는 인공위성을 일상적으로 이용한다. 이런 서비스들은 비록 무인이긴 하지만 값비싸면서 정교한 우주선을 주로 이용한다. 그런데 최근에는 상대적으로 저렴한 소형 인공위성의 시장이 점점 커지고 있으며, 몇몇 민간 기업이 그 수요를 충족시키고자 나서고 있다.

샌프란시스코의 기업 플래닛랩<sup>PlanetLab</sup>은 신발 상자 크기의 위성을 개발하여 쏘아 올렸다. 해상도는 그리 높지 않지만(3~5미터) 지구 궤도 전체에 흩어져서 지구 전역의 영상을 반복하여 찍기 위해서다. 전 세계의 나무 한 그루 한 그루를 매일 관찰하겠다는 것이다(조금 과장해서 말하면 이 희망을 '주문처럼' 읊조리고 있다). 2017년에 인도 로켓에 실려서 88대가 발사됐다. 그 뒤에 러시아와 미국의 로켓을 써서 더 많이 궤도에 올렸고, 좀더 크고 더 정교한 장비를 갖춘 스카이샛<sup>SkySat</sup>도 쏘아 올렸다. 스카이샛은 한 대의 무게가 100킬로그램에 달한다. 해상도를 훨씬 더 높이려면 더 정교한 광학기기를 갖춘 더 큰 위성이 필요하지만 작물, 건설 현장, 낚싯배 등을 지켜보기 위해 이런 작은 큐브샛<sup>cubesat</sup> 위성의 데이터를 원하는 시장이 형성되어 있다. 또 그런 데이터는 재난 대책을 세울 때도 유용하다.

지금은 더 작으면서 종잇장처럼 얇은 위성도 쏘아 올릴 수 있다. 소비자용 미소전자공학 제품에 엄청난 투자가 이뤄지면서 나온 기술을 활용한 사례다.

우주로 쏘아 올린 망원경은 천문학에 엄청난 이점을 제공한다. 빛을 흐릿하게 하거나 흡수하는 효과를 일으키는 지구 대기에서 벗어나 멀리 위쪽 궤도를 돌면서, 우주의 가장 먼 곳까지 찍은 선명한 영상을 지구로 보낸다. 그 망원경들은 지구 대기를 통과하지 못해 지상에서는 관찰할 수 없는 적외선, 자외선, 엑스선, 감마선 대역으로 우주를 관측한다. 실제로 블랙홀을 비롯하여 진기한 천체 현상의 증거를 발견해왔다. 특히 '창조의 잔광', 즉 관찰 가능한 우주 전체가 미시적인 크기로 압축되어 있었던, 우주의 시작에 관한 단서를 지닌 잔류물을 매우 정밀하게 탐지해왔다. 그 잔류물은 마이크로파 형태로 전 우주에 퍼져 있다.

대중에게 더 즉시 와닿는 것은 태양계의 각 행성에서 우주 탐사선들이 보내오는 발견일 것이다. 나사의 뉴허라이즌스호는 달보다 1만 배 더 멀리 떨어져 있는 명왕성의 놀라운 사진을 찍어 보냈다. 그리고 유럽우주국의 로제타호는 혜성에 로봇을 착륙시켰다. 이런 우주선을 설계하고 만드는 데 5년이 걸렸으며, 먼 목적지까지 날아가는 데에는 다시 거의 10년이 걸렸다. 카시니 탐사선은 13년을 날아가서 토성과 그 달들을 조사했고, 이어서 더 숭고한 일을 했다. 발사된 지 20여 년이 지난 2017년 말에, 마침내 토성으로 하강했다. 지금은 이런 임무에 훨씬 더 정교한 우주선을 쓸 수 있다는 것도 상상하기 어렵지 않다.

금세기 안에 새 떼처럼 상호작용을 하는 작은 우주 탐사 로봇들의 무리가 태양계 전체, 즉 행성, 달, 소행성들을 탐사하여 지도를 작성할 것이다. 거대한 로봇 제조 설비가 우주에 태양에너지 포집기 같은 장치들을 만들 수 있게 될 것이다. 중력이 0인 곳에서 조립된 거대한 크기의 거울을 갖춘 허블 망원경의 후속 망원경들은 우리 시야를 더욱 확장하여 더 많은 외계 행성과 별과 은하, 더 넓은 우주를 보여줄 것이다. 그다음 단계는 우주 채굴과 제조가 될 것이다.

그런데 거기에 인간이 할 역할이 있을까? 2011년 이래로 화성의 거대한 크레이터를 돌아다니고 있는 소형차만 한 탐사선인 나사의 큐리오시티가 어떤 인간 지질학자도 놓칠 리가 없는 놀라운 발견을 놓쳤을 수도 있다는 것을 부정하지는 못한다. 그러나 기계 학습은 빠르게 발전하고 있고, 감지기 기술도 마찬가지다. 대조적으로 유인 탐사와 무인 탐사의 비용은 엄청난 격차를 계속 유지하고 있다. 로봇과 축소화 기술이 발전할수록 유인 우주 비행의 실용성은 점점 더 떨어질 것이다.

'아폴로 정신'이 부활하여 그 유산을 재건하려는 의욕이 새롭게 솟구친다면, 다음 단계는 영구 유인 달 기지 건설이 될 것이 확실하다. 기지 건설도 로봇을 활용해 할 수 있다. 지구에서 장비를 가져오고 달에서 채굴한 재료로 짓는 식이다. 섀클턴 크레이터는 기지를 세우기에 딱 맞는 곳이다. 이 크레이터는 달의 남극에 있으며, 지름이 21킬로미터에 가장자리가 4킬로미터 높이까지 솟아 있다. 위치상 테두리가 늘 햇빛을 받으므로, 달 표면의 거의 모든 지역에서 나타나는 극도의 월간 기온 변화를 피할 수 있다. 게다가 이 크레이터의 늘 어둠에 잠겨 있는 안쪽에는 '정착지'를 유지하는 데 중요한 얼음이 많이 있을지도 모른다.

정착지를 달의 지구를 향한 쪽에 짓는 것도 일리가 있을 것이다. 그러나 예외가 있다. 천문학자들은 달의 뒷면에 거대한 망원경을 세우고자 할 것이다. 그래야 지구의 인공 불빛에 방해를 받지 않을 테니까. 아주 희미한 우주 복사를 검출하려는 전파천문학자에게는 그쪽이 아주 유리하다.

아폴로 계획 이후로 나사의 유인 우주 탐사 계획은 위험을 피하라는 대중과 정치의 압력 탓에 제약을 받아왔다. 우주왕복선은 135회 발사하는 동안 두 차례 실패했다. 우주 비행사나 시험 비행 조종사는 2퍼센트 미만인 이 수준의 위험을 기꺼이 감수하려 할 것이다. 그러나 현명하지 못하게도 우주왕복선을 민간인용 안전 차량으로 쓰려는 시도가 이뤄졌다. 그러던 중 나사의 '우주 계획 속의 교사Teacher in Space Project'라는 사업에 지원한 여교사 크리스타 매콜리프Christa McAuliffe가 챌린저호 폭발 사고로 사망하는 일이 발생했다. 이 사고는 미국에 엄청난 심리적 외상을 안겼고, 그 결과 유인 탐사 계획이 중단되고 위험을 더욱 줄이려는 노력에 엄청난 비용이 투자됐다. 그러나 큰 효과는 보지 못했다.

나는 지금 살고 있는 사람들 중 누군가는 화성을 걷게 되기를 바란다. 모험으로서, 그리고 먼 별로 나아가는 첫 단계로서 말이다. 그러나 나사가 실현 가능한 예산 내에서 이 목표를 달성하려면 정치적 장애물들을 극복해야 할 것이다. 중국은 자원이 있고 계획 경제 체제이며, 아폴로 방식의 계획을 추진할 의향을 지니고 있을 수도 있다. 다만 중국이 '우주 탐사의 장관'을 펼치면서 초강대국의 지위를 주장하며 동등한 수준임을 선언하고자 한다면, 미국이 50년 선에 달성했던 일을 단순히 재연하는 것이 아니라 뛰어넘어야 할 것이다. 이미 중국은 달 뒷면에 '최초로' 탐사선을 착륙시킨다는 계획을 세웠는데(2019년 1월 3일 착륙에 성공했다–옮긴이), 더 확실한 '대도약'은 단지 달이 아니라 화성에 발자국을 찍는 일이 될 것이다.

중국을 제외하면, 나는 유인 우주 비행의 미래가 민간 자금을 쓰는 모험가들의 손에 달려 있다고 본다. 서구 국가들이 공공 예산을 들여서 민간인에게 부담시킬 수 있는 수준보다 훨씬 더 위험 부담이 큰 저렴한 사업 계획에 기꺼이 참가하려는 이들이 그렇다. 일론 머스크의 기업 스페이스X<sup>Space X</sup>나 아마존 창업자인 제프 베이조스<sup>Jeff Bezos</sup>가 자금을 댄 경쟁 기업인 블루오리진<sup>Blue Origin</sup>은 우주정거장에 우주선을 정박할 자리를 마련해놓고 곧 유료 고객에게 궤도 비행을 제공할 것이다. 나사를 비롯하여 극소수의 항공우주 복합 기업이 지배하던 분야에 실리콘밸리 문화를 주입하는 이런 모험 기업은 발사 로켓의 1단 추진체를 회수하여 재활용할 수 있음을 보여줬다. 그럼으로써 비용을 상당히 절감할 수 있다는 것이다. 그들은 나사나 유럽우주국이 지금까지 했던 것보다 훨씬 더 빨리 로켓 기술을 혁신하고 개선했다. 스페이스X 팰컨 로켓은 50톤의 화물을 궤도로 올릴 수 있다. 국가 기관의 역할은 갈수록 줄어들 것이며 항공사보다는 공항과 더 비슷해질 것이다.

내가 미국인이라면, 나사의 유인 우주 탐사 계획을 지지하지 않을 것이다. 그 대신 의욕이 넘치는 민간 기업이 저비용 고위험 모험의 형태로 모든 유인 탐사 계획의 최전선에 서야 한다고 주장할 것이다. 초기의 탐험가나 등반가들과 같은 동기에 이끌려서 그 여행에 자원할 이들이 많을 것이다. '편도 표'만 제공되고 돌아오지 못한다고 해도 가겠다는 이들이 나올 것이다. 사실 우주 모험을 국가적, 더 나아가 국제적 과제로 삼아야 한다는 생각은 이제 버릴 때가 됐다. '우리'라는 단어를 인류 전체를 가리키는 용도로 쓰는 허세 가득한 수사법도 함께 말이다. 물론 국제적인 공동 노력 없이는 해결할 수 없는 일들도 있다. 기후 변화에 대처하는 것이 한 예다. 그러나 우주 탐사가 굳이 그런 성격을 띨 필요는 없다. 몇몇 공적인 규제가 필요할지는 모르겠지만, 민간이나 기업이 추진력을 떠안을 수 있다.

달의 뒷면을 돌고 오는 1주짜리 여행 일정도 나와 있다. 인간이 지구로부터 가장 멀리까지 가는 여행일 것이다. 하지만 달에 착륙했다가 이륙하는 더 어려운 일은 제외되어 있다. 내가 들은 바로는, 1차 비행이 아니라 2차 비행에 탑승할 표가 판매됐다. 그리고 사업가이자 전직 우주 비행사인 데니스 티토 Dennis Tito는 새로운 중량 발사체가 개발되면 화성까지 왕복하는 여행 일정을 내놓을 것이라고 밝혔다. 여기서도 착륙 계획은 포함되지 않는다. 그 여행을 하려면 격리된 선실에서 500일 동안 지내야 할 것이다. 안정적인 중년의 부부가 이상적인 탑승객일 것이다. 여행 동안에 쬘 높은 조사량의 방사선을 개의치 않아도 될 만큼 나이가 있는 이들이다.

'우주관광'이라는 말은 안 쓰는 편이 좋다. 그런 모험이 일상적이며 위험이 낮다고 믿게 만들기 때문이다. 그리고 그런 식으로 믿게 된다면, 불가피한 사고가 일어났을 때 승객들은 심리적 외상을 입을 것이다. 우주여행은 위험한 스포츠, 즉 대담한 탐험이라고 광고해야 한다.

지구 궤도에 오르든 더 멀리 모험을 떠나든 간에, 우주 비행의 가장 중요한 장애물은 화학 연료가 본질적으로 비효율적이라는 데 있다. 그에 따라 발사체에 화물보다 훨씬 더 많은 무게의 연료를 실어야 한다. 화학 연료에 의지하는 한, 성간 여행은 꽤 오랫동안 도전 과제로 남을 것이다. 원자력이 이 상황을 바꿀 수 있을 것이다. 게다가 훨씬 더 빠른 속도로 회전할 수 있으므로, 화성이나 소행성까지 가는 시간이 크게 줄어들 것이다. 그러면 우주 비행사의 지루함뿐 아니라 해로운 방사선에 노출되는 양도 줄어든다.

연료를 지상에서 공급하고 우주로 싣고 가지 않도록 할 수 있다면, 효율이 훨씬 더 높아질 것이다. 예를 들어, '우주 엘리베이터'로 우주선을 궤도까지 끌어올리는 것도 기술적으로 가능해질 수 있다. 지구에 고정하고 원심력을 통해 팽팽한 상태를 유지하도록 정지궤도 너머까지 수직으로 쭉 뻗어 있는 3만 킬로미터짜리 탄소 섬유 밧줄을 이용하는 방법이다. 또 지상에서 강력한 레이저 광선으로 우주선에 붙은 '돛'을 밀어 올린다는 구상도 제시됐다. 이 방식은 가벼운 우주 탐사선에 쓸 수

있을 것이며, 이론상 광속의 20퍼센트까지 가속할 수 있다.[6]

한 가지 덧붙이자면, 연료 탑재 방식이 더 효율적으로 바뀌면 고도의 정밀도를 필요로 하는 유인 우주 비행 조종이 거의 미숙련 운전으로도 가능해질 수 있다. 현재의 우주 항해처럼 여정 전체를 세세한 사항까지 미리 다 프로그램에 짜 넣고 도중에 운전대를 움직일 기회를 최소화한다면, 자동차를 운전하는 것보다 훨씬 더 쉬운 일이 될 것이다. 제동 장치와 가속 장치를 원하는 대로 쓸 연료가 충분하다면, 성간 항해는 별다른 기술을 필요로 하지 않는 일이 될 것이다. 목적지가 늘 뚜렷하게 보이므로 자동차나 배를 모는 것보다도 더 쉽다.

2012년 고공 열기구에서 자유 낙하하여 음속 장벽을 돌파한 오스트리아의 스카이다이버 펠릭스 바움가트너[Felix Baumgartner]를 아는가? 아마도 2100년이면 그처럼 짜릿함을 추구하는 이들은 지구 밖에 '기지'를 지니게 될지도 모른다. 화성이나 소행성에 기지를 설치할 수도 있다. 1971년생인 스페이스X의 일론 머스크는 화성에서 죽고 싶다고 말한다. 물론 충돌로 죽겠다는 말이 아니다. 그렇다고 지구에서 화성으로 대량 이주가 일어날 것으로 예상하지는 말기를. 이 점에서 나는 머스크나 고인이 된 케임브리지 동료 스티븐 호킹<sup>Stephen Hawking</sup>과 견해를 달리한다. 그들은 머지않아 화성에 대규모 정착촌이 건설될 것이라고 열변을 토했다. 그러나 우주가 지구의 문제들에서 벗어날 탈출구를 제공한다는 생각은 위험한 망상이다. 우리는 그런 문제들을 이곳 지구에서 해결해야 한다. 기후 변화에 대처하는 일이 벅차게 느껴질지 모르지만, 화성의 테라포밍terraforming(외계 행성의 기후 같은 조건을 인간이 살기에 알맞게 바꾸는 것-옮긴이)에 비하면 식은 죽 먹기다. 우리 태양계에서 남극대륙이나 에베레스트산 꼭대기만큼이라도 온화한 환경을 제공할 수 있는 곳은 지구 외에 어디에도 없다. 위험을 회피하는 평범한 사람들을 위한 '차선책' 같은 것은 없다.

그럼에도 우리, 그리고 지구의 우리 후손들은 용감한 우주 모험가들을 응원해야 한다. 인간 이후의 미래를 개척하고 21세기 이후에 어떤 일이 일어날지를 결정하는 데 그들이야말로 중요한 역할을 할 것이기 때문이다.

# 포스트휴먼 시대로?

이 우주 모험가들이 왜 그렇게 중요하다는 것일까? 우주 환경은 본질적으로 인간에게 적대적이다. 따라서 선구적인 탐험가들은 새로운 거주지에 제대로 적응하기 위해 지구에 있는 이들보다 자신을 재설계하려는 동기가 훨씬 더 강할 것이다. 그들은 앞으로 수십 년 안에 개발될 아주 강력한 유전공학 기술과 사이보그 기술을 지닐 것이다. 이런 기술들은 신중함과 윤리적인 차원에서 지구에서는 심하게 규제되겠지만, 화성 '정착자'들은 규제 당국의 손아귀에서 멀리 벗어나 있을 것이다. 우리는 이질적인 환경에 적응할 수 있도록 자기 후손들을 변형하려는 그들에게 행운이 있기를 빌어야 한다. 이는 새로운 종으로 분화하는 첫 단계일 수도 있다. 유전적 변형은 사이보그 기술을 통해 보완될 것이다. 사실 완전한 무기물 지능으로의 전환이 이뤄질지도 모른다. 즉 인간 이후 시대의 첨병이 될 이들은 지구에서의 삶에 아늑하게 적응한 우리 같은 이들이 아니라, 우주를 돌아다니는 모험가들이다.

우주 항해자는 목적지가 어디든 간에 지구에서 떠나기 전에 여행의 끝에 무엇이 있다고 예상할 수 있을 것이다. 그들보다 먼저 로봇 탐사선이 가 있을 것이기 때문이다. 몇 세기 전에 태평양을 건너는 모험을 감행한 유럽 탐험가들은 미래의 어떤 탐험가들이 접할 세계보다 훨씬 더 미지의 세계로 나아갔다. 그리고 매우 끔찍한 위험에 직면했다. 우주 탐험에서는 지도를 작성하는 임무를 띤 예비 탐사라도 있겠지만, 그들에게는 그런 것도 전혀 없었다. 미래의 우주 탐험가들은 늘 지구와 의사소통을 할 수 있을 것이다. 비록 시간 지연이 좀 있을지라도. 예비 탐사선이 탐사할 경이로운 일들이 있다고 알려준다면, 더 압도적으로 동기가 부여될 것이다. 태평양 섬들의 생물 다양성과 아름다움에 동기 부여가 됐던 쿡 선장Captain Cook처럼 말이다. 그러나 저 바깥에 불모지밖에 없다면, 그 항해는 제조

로봇에 맡기는 편이 더 나을 것이다.

유기물 생물에겐 행성 표면이 생존에 적합해야 하지만, 포스트휴먼이 완전한 무기물 지능으로 전환한다면 그들에겐 대기가 필요 없을 것이다. 오히려 중력이 0인 곳을 선호할지도 모른다. 가벼우면서 드넓은 거주지를 건설하고자 한다면 더더욱 그럴 것이다. 따라서 비생물학적 '뇌'가 인간이 상상조차 할 수 없는 능력을 계발하게 될 곳은 지구도, 심지어 화성도 아닌 깊은 우주일 것이다. 기술 발전의 시간표는 인류의 출현으로 이어진 다윈 자연선택의 시간표에 비하면 한순간에 불과하다. 게다가 앞으로 펼쳐질 더 기나긴 우주적 시간에 비하면 100만 분의 1도 안 된다. 미래 기술 발전의 결과물은 우리가 지적으로 점균류를 능가하는 것만큼 인간을 능가할 수도 있다.

궁극적으로는 '무기체inorganics', 다시 말해 지적인 전자 로봇이 지배하게 될 가능성이 크다. '젖은' 유기물 뇌의 처리 능력은 화학적·대사적으로 한계가 있기 때문이다. 아마 우리는 이미 그 한계에 거의 도달해 있는지도 모른다. 그러나 전자 컴퓨터에는 그런 한계가 없다. 양자 컴퓨터라면 더더욱 그렇다. '생각'의 정의 중 어떤 것을 취하더라도, 유기물인 인간형

뇌가 하는 생각의 양과 세기는 인공지능의 사고 작용에 압도당할 것이다. 우리는 아마도 다윈 진화의 종착점에 가깝겠지만, 인위적인 지능 강화는 이제 겨우 시작됐을 뿐이다. 그 일은 지구를 벗어난 곳에서 가장 먼저 일어날 것이다. 우리의 생존이 지구의 인공지능이 '호의적인' 상태를 유지하도록 하는 데 달려 있긴 하겠지만, 나는 이곳 지구의 인류에게서는 그런 급속한 변화가 일어나리라고는 예상하지 않는다. 그러길 바라지도 않는다.

철학자들은 '의식'이 인간, 유인원, 개의 유기물 뇌에 고유한 것인지를 놓고 논쟁을 벌이곤 한다. 로봇은 설령 초인적인 것처럼 보이는 지능을 지닐지라도 여전히 자의식이나 내면의 삶이 없을까? 이 질문의 답은 그들이 '빼앗아가는 것'에 우리가 어떻게 반응할지에 중대한 영향을 미친다. 기계가 좀비라면 우리는 그들의 경험에 우리의 경험과 같은 가치를 부여하지 않을 것이고, 인간 이후의 미래는 황폐해 보일 것이다. 그러나 그들이 의식을 지닌다면, 그들이 미래에 주도권을 쥐리라는 전망을 우리가 환영하지 말아야 할 이유가 뭘까?

방금 제시한 시나리오들은 설령 생명이 지구에서만 기원

했다고 할지라도 우주의 사소한 특징으로 남아 있을 필요가 없다는 결과를 낳을 것이다. 이는 인류의 자존감을 부추긴다. 즉 인류는 한 과정의 끝보다는 시작에 더 가까이 있을지 모른다. 점점 더 복잡해지는 지능이 은하 전체로 퍼지는 과정 말이다. 이웃 별들로의 도약은 이 과정의 초기 단계에 불과하다. 성간 항해, 아니 더 나아가 은하 간 항해는 거의 불사불멸의 존재에게는 전혀 두렵지 않은 일일 것이다.

설령 우리가 진화 나무의 마지막 가지가 아니라고 해도, 우리 인류는 우리의 한계를 훨씬 초월하여 지구 너머 멀리까지 영향을 미치게 될 전자적 존재로의 전환을 시작했다는 점에서 진정으로 우주적인 의미를 지닌다고 주장할 수 있을 것이다.

그러나 그럴 수 있게 된다면 우주로 퍼져 나갈 동기와 그에 따르는 윤리적 제약은 한 가지 크나큰 천문학적 의문에 어떻게 답하느냐에 좌우될 것이다. 그 질문은 바로 이것이다. '저 바깥에 이미 생명, 특히 지적인 생명이 있을까?'

# 지능이 있는 외계인이 존재할까?

어떤 외계 행성에 식생, 원시적인 벌레, 세균 같은 것들이 있다는 확실한 증거는 중요한 의미가 있을 것이다. 그러나 진정으로 대중의 상상에 불을 지피는 것은 고도의 생명체가 있을 가능성이다. 과학소설에 으레 등장하는 '외계인' 말이다.[7]

설령 원시적인 생명체가 흔하다고 해도 '고도의' 생명체는 드물거나 없을 수도 있다. 그 출현은 많은 우연에 달려 있을지도 모른다. 지구의 진화 경로는 빙하의 진퇴, 지각판 이동, 소행성 충돌 등에 영향을 받았다. 어떤 이들은 진화적 '병목 지점'이 있다고 추정한다. 즉 넘어가기가 어려운 중요한 단계가 있다는 것이다. 아마 다세포 생물로의 진화도 그런 사례일 것이다. 이 단계가 지구에서는 20억 년이 걸렸다. 또는 병목 지점이 더 뒤에 나타났을 수도 있다. 예를 들어 공룡이 멸종하지 않았다면, 인류로 이어질 포유동물의 진화 사슬은 일찌감치 막혔을 수도 있다. 그랬을 때 다른 종이 우리의 역할을 대신 맡게 됐을지 어떤지를 우리는 알 수 없다. 지능의 출현이 복잡한 생물권에서조차도 있을 법하지 않은 우연의 산물이라고 보는 진화론자도 있다.

아마 더 불길한 것은 우리 자신의 진화 단계에도 병목 지점이 있을 수 있다는 것이다. 바로 이 세기에 우리가 있는 단계, 그러니까 지적인 생명체가 강력한 기술을 개발하고 있는 시점이다. '지구에서 기원한' 생명이 장기적으로 존속할지를 알려줄 예후는 인류가 이 단계에서 살아남느냐 아니냐에 달려 있다. 인간은 앞서 논의한 유형의 위험들에 취약함에도 말이다. 그렇다고 해서 지구에 어떤 종말의 재앙도 닥치지 말아야 한다는 뜻은 아니다. 그런 일이 일어나기 전에, 일부 인간이나 인간의 산물이 고향 행성 너머로 퍼져 있기만 하면 된다.

앞에서 강조했다시피, 우리는 생명이 어떻게 출현했는지를 거의 모르고 있으므로 외계 지성체가 있을지 없을지를 추정하기조차 어렵다. 우주에 온갖 복잡한 생명체가 우글거릴 수도 있다. 실제로 그렇다면, 우리는 '은하 동호회'의 미미한 일원이 되기를 열망할 수도 있을 것이다. 반면에 지성체의 출현이 다른 곳에서는 일어난 적이 없을 만큼 드문 연쇄적인 사건들을 필요로 하는 것일 수도 있다. 그러면 외계인을 찾는 이들은 실망하겠지만, 그것은 우리 지구가 은하에서 가장 중요한 곳이며 지구의 미래가 우주적인 결과를 빚어낼 수 있다는 의미가 될 것이다.

인위적인 것임이 분명한 우주 '신호'를 검출한다면 분명히 기념비적인 발견이 될 것이다. '삑삑' 소리를 내는 전파나 하늘에서 지구를 훑는 어떤 레이저 불빛 같은 것 말이다. 외계 지성체탐사SETI는 설령 성공 확률이 아주 낮아 보인다고 할지라도, 찾아낸다면 엄청난 의미가 있으므로 계속할 가치가 있다. 하지만 프랭크 드레이크Frank Drake, 칼 세이건, 니콜라이 카다셰프Nikolai Kardashev 등이 주도했던 SETI는 어떤 인공적인 신호도 발견하지 못했다. 그도 그럴 것이 그들의 탐사는 극히 제한적이었다. 바닷물 한 컵을 분석한 뒤, 대양에 생명이 전혀 없다고 주장하는 것과 비슷하다. 그러므로 우리는 러시아 투자자인 유리 밀너<sup>Yuri Milner</sup>가 10년 기한으로 브레이크스루 리슨 Breakthrough Listen이라는 계획을 출범한 것을 환영해야 한다. 세계 최고의 전파망원경들을 시간제로 빌리고, 전보다 더 폭넓고 지속적인 방식으로 하늘을 훑을 장비를 개발한다는 계획이다. 탐사는 특수 개발한 신호 처리 장치를 써서 폭넓은 범위의 전파와 마이크로파 주파수를 조사하는 과정으로 이뤄진다. 또 보완하는 차원에서, 자연적으로 생긴 것이 아닌 듯한 가시광선이나 엑스선 '불빛'도 탐사할 것이다. 게다가 소셜 미디어와 시민 과학의 등장으로 전 세계의 열의에 찬 이들이 자료를 내려받아 이 우주 탐사에 참여할 수 있게 될 것이다.

대중문화 속에서 외계인은 흔히 인간형으로 묘사된다. 즉, 대개 두 다리로 서 있다. 촉수를 지니거나 눈자루에 눈이 달려 있기도 하지만 말이다. 그런 생물이 존재할지도 모르지만, 우리가 검출할 가능성이 가장 큰 외계인은 그런 유형이 아니다. 나는 우리가 신호를 찾아낸다면, 그 외계인이 대단히 복잡하면서 강력한 전자두뇌를 통해 전송했을 가능성이 더 크다고 강하게 주장한다. 나는 지금까지 지구에서 일어난 일과 먼 미래에 생명과 지성이 어떻게 진화할 것인가라는 예상을 토대로 그렇게 추론한다. 최초의 미생물은 거의 40억 년 전, 지구가 어렸을 때 출현했다. 이 원시적인 생물권이 진화하여 지금의 경이로울 만큼 복잡한 생명의 그물이 됐다. 우리 인간도 그 그물에 속해 있다. 그러나 인류는 이 과정의 끝이 아니다. 사실 중간 단계에도 도달하지 못했을지 모른다. 미래 진화는 앞으로 수십억 년까지 이어질 수도 있다. 주류 존재가 살과 피로 이뤄지지 않은 포스트휴먼 시대 말이다.

다른 많은 행성에서도 생명이 시작됐고, 그중 일부에서 지구와 비슷한 양상으로 다윈 진화가 일어났다고 가정해보자. 설령 그렇다고 해도, 주요 단계들이 동조하여 나타났을 가능성은 아주 낮다. 한 행성에서 지능과 기술의 출현이 지구에서 일어난 시기보다 상당히 뒤늦게 일어난다면(그 행성이 더 젊거나 병목 지점을 통과하는 데 더 오래 걸림으로써), 그 행성에는 ET, 즉 '외계인'의 증거가 전혀 없다고 나올 것이다. 하지만 태양보다 더 오래된 별을 도는 행성에서는 지구에서보다 10억 년 더 일찍 생명이 출현했을 수도 있다.

인류 기술 문명의 역사는 (기껏해야) 수천 년인데, 겨우 한두 세기 뒤면 무기물 지성체가 인류를 대체하거나 초월할지도 모른다. 그 뒤 그들은 수십억 년에 걸쳐서 진화를 계속할 것이다. '유기체'인 인간 수준의 지성이 일반적으로 기계로 대체되기 전의 짧은 막간극에 불과하다면, 외계 지성체가 아직 유기물 형태로 있는 짧은 기간에 그 신호를 '포착할' 가능성은 아주 낮을 것이다. 그러므로 우리가 ET의 신호를 검출한다면, 그 ET는 전자적인 형태일 가능성이 훨씬 클 것이다.

그러나 설령 탐사에 성공한다고 할지라도, 그 '신호'가 해독 가능한 메시지일 가능성은 작을 것이다. 그 신호는 어떤 극도로 복잡한 기계의 활동 부산물이거나 기능 이상을 나타낼 가능성이 더 크다. 그래서 우리는 그 신호를 추적한들 외계의 유기체(그들의 고향 행성에 아직 존재할 수도 있고 오래전에 사라졌을 수도 있는)까지 연원을 거슬러 올라갈 수 있을 만큼 이해하지 못할 것이다. 우리가 해독할 수 있는 메시지를 내보내는 지성체는 우리 자신의 협소한 개념에 들어맞는 기술을 쓰는 부분집합에 속하는 유형뿐일 텐데, 그런 신호를 접할 가능성은 거의 없다고 봐야 한다. 그렇다면 우리는 어떤 신호가 메시지로 보낸 것인지, 아니면 그저 '새어 나온' 것인지를 구별할 수 있을까? 우리는 의사소통을 할 수 있을까?

철학자 루트비히 비트겐슈타인Ludwig Wittgenstein은 이렇게 말했다. "사자가 말을 할 수 있다면, 우리는 그를 이해할 수 없을 것이다." 외계인과의 '문화 격차'가 건널 수 없이 넓을까? 나는 반드시 그리리라고 보진 않는다. 아무튼 그들이 통신을 한다면, 그들이 물리학·수학·천문학을 이해한다는 측면에서 우리와 공통점을 지닐 것이다. 그들은 행성 조그Zog에 살고 7개의 촉수를 지니고 있을 수도 있다. 또는 금속으로 이뤄져 있고 전자두뇌를 지니고 있을 수도 있다. 그러나 그들도 우리와 비슷한 원자들로 이뤄져 있을 것이다. 그들도 같은 우주를 응시하면서(눈이 있다면) 약 138억 년 전 빅뱅까지의 기원을 추적할 것이다. 그러나 재빠른 답신이 올 가능성은 전혀 없다. 답이 온다고 하더라도 그들과 서로 교신하는 데 수십 년, 심지어 수백 년이 걸릴 만큼 멀리 떨어져 있을 것이다.

설령 지성이 우주에 널리 퍼져 있다고 해도, 우리는 그중 비전형적인 일부분만을 알아볼 수 있을지도 모른다. 어떤 뇌는 우리가 상상도 할 수 없는 방식으로 현실을 한꺼번에 파악할지도 모른다. 어떤 뇌는 자신의 존재를 드러낼 만한 일을 전혀 하지 않으면서, 신중하게 에너지를 보존하는 삶을 살아갈 수도 있다. 오래 산 별의 궤도를 도는 지구형 행성에 탐색의 초점을 맞추는 것도 나름대로 일리가 있다. 그러나 과학소설 작가들은 더 별난 유형들이 있음을 상기시킨다. 특히 우리가 습관적으로 말하는 '외계 문명'이라는 말은 범위를 너무 한정시키는 것일 수도 있다. '문명'이라는 말은 개인들이 모인 사회라는 의미를 함축한다. 그런데 ET는 하나의 통합된 지성체일지도 모른다. 신호가 전송되고 있다고 할지라도, 우리가 해독하는 법을 몰라서 그 신호가 인위적인 것임을 알아차리지 못할 수도 있다. 진폭 변조만을 익숙하게 잘 다루는 노련한 무선공학자가 현대 무선 통신을 해독하기 어려울 수 있듯이 말이다. 사실 압축 기술은 신호를 가능한 한 잡음과 비슷하게 만드는 것을 목표로 한다. 신호가 예측 가능하다면, 그만큼 압축의 여지가 더 많다.

우리는 빛의 스펙트럼 중 전파 쪽에 초점을 맞춰서 탐사를 해왔다. 그러나 저 바깥에 무엇이 있을지 모르는 상태이므로, 우리는 모든 파장을 탐사해야 한다. 가시광선과 엑스선 대역도 살피고, 부자연스러운 현상이나 활성의 다른 증거들도 주시해야 한다. 외계 행성의 대기에서 CFC 같은 인위적으로 합성한 분자나 다이슨 구Dyson sphere(프리먼 다이슨이 제시한 이 개념은 에너지를 낭비하는 문명이 별을 광전지로 둘러싸서 모든 에너지를 이용하고 '폐열'을 적외선으로 방출할 것이라고 상상한다) 같은 거대한 인공물의 증거를 찾아낼 수 있을지도 모른다. 그리고 우리 태양계 내에서 인공물을 찾아보는 것도 가치가 있을 것이다. 아마 인간만 한 외계인이 방문했을 가능성은 배제할 수 있을지 모르지만, 외계 문명이 나노 기술에 통달하여 자신의 지능을 기계에 옮겼다면 우리가 알아차리지 못할 미세한 탐사선 무리로 이미 '침입'이 이뤄져 있을지도 모른다. 유달리 빛나거나 별난 모양의 물체가 소행성 사이에 숨어 있는지 눈을 크게 뜨고 지켜보는 것도 가치가 있다. 물론 감도 잡기 어려울 만큼 먼 성간 공간을 건너기보다는 전파나 레이저 신호를 보내는 편이 더 쉬울 것이다.

나는 낙관적인 SETI 탐사자일지라도 성공 확률이 몇 퍼센트에 불과하다고 볼 것으로 생각한다. 그리고 우리 대다수는 더 비관적이다. 그럼에도 너무나 흥미로우므로 도박할 가치는 있어 보인다. 우리 모두는 우리 생애 내에 탐색이 시작되는 것을 보고 싶어 한다. 이 탐색에 적용할 만한 친숙한 격언 두

가지를 소개한다. '별난 주장이 별난 증거를 요구하는 것은 아니다.' '증거의 부재가 부재의 증거는 아니다.'

또 우리는 자연현상이 얼마나 놀라울 수 있는지도 깨달아야 한다. 한 예로, 1967년 케임브리지 천문학자들은 1초에 몇 번씩 규칙적으로 '삑삑' 하고 들려오는 전파를 발견했다. 이것이 외계인이 보낸 것일 수 있을까? 이 견해를 받아들일 만큼 열려 있는 이들도 있었지만, 곧 이 삑삑거림이 지금까지 관측된 적이 없는 아주 밀도가 높은 천체에서 나온다는 것이 분명해졌다. 바로 중성자별이었다. 지름이 몇 킬로미터에 불과한 이 천체는 초당 몇 번(때로는 수백 번)씩 회전하면서 깊은 우주에서 우리를 향해 복사선을 '등댓불'처럼 내보냈다. 중성자별을 연구하자, 그것이 유달리 흥미로우면서 생산적인 주제임이 드러났다. 극한 물리학을 보여주기 때문이다. 그곳에는 우리가 실험실에서 결코 흉내 낼 수 없는 조건이 자연적으로 형성되어 있다.[8] 최근에는 펄서pulsars(빠르게 회전하면서 주기적으로 전파를 방출하는 천체-옮긴이)보다 더욱 강력한 전파를 방출하는, 더 새로우면서 더욱 당혹스럽게 만드는 부류의 '전파원'이 발견됐다.[9] 그런 천체를 인공적인 전파원이 아니라 자연적으로 설명할 방법을 찾으려는 것이 일반적인 흐름이다.

SETI는 민간의 기부에 의존한다. 나는 그 노력이 공적 자금을 받지 못한다는 사실이 놀랍다. 내가 예산을 따기 위해 정부 위원회 앞에 선다면, 거대한 새 입자가속기보다 SETI가 예산을 받을 근거를 제시하고 옹호하기가 훨씬 수월하다고 느낄 것이다. 〈스타워즈〉 장르의 영화를 보는 이들이 무수히 많은데, 자신들이 내는 세금의 일부가 SETI에 쓰인다면 기쁘지 않겠는가.

아마 우리는 언젠가 외계 지성체의 증거를 발견할 것이다. 비록 가능성은 더 작지만, 어떤 우주적 마음에 '접속될' 수도 있다. 반면 우리 지구가 유일한 곳이고, 탐색이 실패할 수도 있다. 그러면 탐색자들은 실망할 것이다. 그러나 그 점은 인류의 장기적인 전파라는 측면에서는 장점이 된다. 우리 태양계는 거의 중년에 들어섰으며, 인류가 다음 세기에 자멸을 피한다면 포스트휴먼 시대가 어른거릴 것이다. 지구의 지성체는 은하 전체로 퍼져서 우리가 상상할 수 있는 차원을 훨씬 넘어서는 복잡성을 갖추는 쪽으로 진화할 수도 있을 것이다. 만일 그렇다면, 우리의 작은 행성, 우주 공간에 떠 있는 이 창백한 푸른 점은 우주 전체에서 가장 중요한 곳이 될 것이다.

어느 쪽이든 간에 우리의 우주 거주지, 즉 별과 은하로 가득한 이 드넓은 하늘은 생명의 터전이 되도록 '설계'되거나 '조율'되어 있는 듯하다. 단순한 빅뱅에서 시작하여 우리 인류의 출현으로 이어지는 놀라운 복잡성이 진행돼왔으니까. 설령 우리가 지금 우주에서 혼자라고 할지라도, 우리가 복잡성과 의식을 향한 이 '추진'의 정점이 아닐 수도 있다. 이는 자연법칙에 관해 아주 심오한 무언가를 말해준다. 그리고 우주론자들이 상상하는 가장 넓은 시간과 공간의 지평선까지 짧게나마 살펴볼 동기를 부여한다.

# ON THE FUTURE

온 더 퓨처

## CHAPTER 4

## 과학의 한계와 미래

# 단순함에서 복잡함으로

한 가지 가정을 해보자. 타임머신으로 뉴턴이나 아르키메데스 같은 과거의 위대한 과학자들에게 짧은 트윗을 보낼 수 있다고 하자. 어떤 메시지가 그들에게 가장 큰 깨달음을 안겨주고 그들의 세계 인식에 변화를 가져올까? 나는 우리 자신, 그리고 일상 세계의 모든 것이 겨우 100여 종류에 불과한 원자가 다량으로 모여서 이뤄진다는 경이로운 지식이 그렇지 않을까 생각한다. 다량의 수소, 산소, 탄소에다가 철, 인, 기타 원소들이 적절한한 비율로 섞여 있다는 것 말이다. 생물이든 무생물이든 간에 모든 물질은 원자들이 결합하고 상호작용하는 복잡한 양상에 따라 구조가 정해진다. 화학 전체는 원자의 양전하를 띤 핵, 그리고 원자를 감싸고 있는 음전하를 띤 전자 사이의 상호작용을 통해 결정된다.

원자는 단순하다. 양자역학 방정식, 즉 슈뢰딩거 방정식 Schrödinger equation 으로 원자의 특성을 쉽게 기술할 수 있다. 우주 규모에서 보자면, 블랙홀도 마찬가지다. 아인슈타인 방정식 Einstein equations 으로 풀 수 있다. 이런 '기본적인 내용'이 잘 이해되어 있기에, 공학자들은 현대 세계의 온갖 물건을 설계할 수 있다. 한 예로 아인슈타인의 일반 상대성 이론은 GPS 위성에 쓰인다. 그 이론에 따라 중력의 효과를 적절히 보정하지 않는다면, 그런 위성의 시계는 맞지 않을 것이다.

모든 생물의 복잡한 구조는 기본 법칙들이 작동하면서 복잡성이 출현하여 단계적으로 높아질 수 있다는 증거다. 수학을 이용하는 게임은 단순한 규칙을 계속 반복하면 정말로 놀라울 만큼 복잡한 결과가 나올 수 있음을 깨닫는 데 도움을 줄 수 있다.

프린스턴대학교의 수학과 교수인 존 콘웨이 John Conway 는 수학 분야에서 가장 권위 있는 인물에 속한다.[1] 그가 케임브리지에서 가르칠 때 학생들이 '콘웨이 존경 모임'을 조직하기도 했다. 그는 학술적으로는 군론group theory이라는 수학 분야를 연구했는데, 대중과 폭넓게 소통하면서 '라이프 게임Game of Life'을 개발함으로써 다양한 분야에 지적인 영향을 미쳤다.

1970년 콘웨이는 바둑판에 이런저런 패턴을 그리는 실험을 하고 있었다. 그는 단순한 패턴에서 시작하여 기본 규칙을 계속 반복하는 게임을 고안하고자 했다. 그러다가 게임의 규칙과 시작 패턴을 조금 조정하면, 놀라울 만큼 복잡한 결과가 나온다는 것을 발견했다. 게임 규칙이 너무나 단순했기에, 복잡성이 뜬금없이 출현하는 듯이 보였다. 마치 생명을 지닌 듯한 '생물'들이 출현하여 바둑판 위를 돌아다녔다. 규칙은 그저 흰 칸일 때는 검은 칸으로 바꾸고 검은 칸은 흰 칸으로 바꾸라는 식의 단순한 것들이었지만, 반복하여 적용하자 흥미로운 갖가지 복잡한 패턴이 출현했다. 이 게임에 푹 빠진 이들은 되풀이하여 나타나는 특정한 모양들에 '글라이더', '글라이더 총' 같은 이름을 붙였다.

콘웨이는 많은 시행착오를 거친 끝에 흥미로운 형태들이 출현할 수 있는 단순한 '가상 세계'를 창안하는 데 성공했다. 개인용 컴퓨터가 등장하기 전이었기에 그는 종이에 연필로 그리는 방법을 썼는데, 라이프 게임에 함축된 의미는 더 성능 좋은 컴퓨터를 이용할 수 있게 됐을 때야 드러났다. 마찬가지로 브누아 망델브로$^{Benoit\ Mandelbrot}$ 같은 연구자들은 초기 PC 덕분에 경이로운 프랙털$^{fractal}$ 패턴을 그릴 수 있었다. 단순한 수학 공식에 섬세하기 그지없는 복잡성이 담길 수 있음을 보여주었다.

대부분의 과학자는 물리학자 유진 위그너$^{Eugene\ Wigner}$가 쓴 〈자연과학에서 수학의 터무니없는 유효성〉이라는, 지금은 고전이 된 논문에서 표현한 당혹감에 공감한다.[2] 또 "우주에서 가장 불가해한 일은 우리가 우주를 이해할 수 있다는 점이다"라는 아인슈타인의 말에도 공감한다. 우리는 물질세계가 무정부적이지 않다는 데 놀란다. 즉 원자들은 우리 실험실에서나 먼 은하에서나 똑같은 법칙을 따른다. 앞서 말했듯이, 우리가 외계인을 발견하고 그들과 의사소통을 하길 원한다면 수학·물리학·천문학이야말로 그들과 우리 사이의 유일한 공통점이 될 것이다. 수학은 과학의 언어다. 바빌로니아인들이 역법을 고안하고 일식을 예측한 이래로 죽 그랬다.

양자론의 선구자 중 한 명인 폴 디랙$^{Paul\ Dirac}$은 수학의 자체 논리가 어떻게 새로운 발견으로 나아갈 길을 가리킬 수 있는지를 보여줬다. 디랙은 이렇게 단언했다. "발전을 도모하는 가장 강력한 방법은 순수 수학의 자원을 총동원해 이론물리학의 기존 토대를 이루는 수학적 형식주의를 완성하여 일반화하고, 그 방향으로 매번 성공을 거둘 때마다 물리적 실체에 비춰서 새로운 수학적 특징을 해석하는 것이다."[3] 그는 '수학이 가리키는 대로 나아가는' 이 접근법을 써서 반물질이라는 개념에 다다랐다. 그가 '반전자antielectron'가 없으면 엉성해 보일 방정식을 정립한 뒤 몇 년 지나지 않아 실제로 그 반전자가 발견됐다. 지금은 '양전자positron'라고 한다.

디랙과 같은 동기를 지닌 현재의 이론가들은 직접 살펴볼 수 있는 수준보다 훨씬 더 작은 규모를 다루는 끈 이론string theory 같은 개념을 탐구함으로써 현실을 더 깊은 수준에서 이해하고자 한다. 반대편 극단에는 같은 접근법을 써서 우리가 망원경으로 관측할 수 있는 '쪼가리'보다 훨씬 더 드넓은 우주를 어렴풋하게나마 이해하게 해줄 우주론을 탐구하는 이들이 있다.

우주의 모든 구조는 수학 법칙의 지배를 받는 기본 '구성

단위'로 이뤄진다. 그러나 그 구조들은 대개 너무 복잡하여 가장 성능 좋은 컴퓨터로도 계산할 수가 없다. 아마 먼 미래에 포스트휴먼 지성(유기체가 아니라 자체 진화하는 사물에 들어 있는)은 하이퍼컴퓨터를 개발하여 생물, 더 나아가 세계 전체를 모사하게 될 것이다. 아마 고등한 존재는 하이퍼컴퓨터를 써서 콘웨이의 게임 같은 바둑판 위의 패턴만이 아니라 영화나 컴퓨터 게임에 나오는 최고의 특수 효과까지 갖춰서 우주를 모사할 수 있을 것이다. 우리 자신이 속해 있다고 보는 우주만큼 복잡한 우주를 그들이 온전히 모사할 수 있다고 해보자. 그러면 대담하면서도 어딘가 불편한 생각이 떠오른다. 우리가 사실은 그런 우주에 있는 것이 아닐까?

# 우리의 복잡한 우주를 이해하기

예전에는 과학소설의 세계에 속했던 가능성들이 시간이 흐르면서 진지한 과학적 논쟁의 대상으로 옮겨왔다. 빅뱅의 첫 순간부터 외계 생명체의 가능성에 이르기까지, 과학자들은 대부분의 과학소설 작가들이 상상하는 것보다 더욱 기이한 세계들을 제시한다. 언뜻 생각하면, 우리를 의아하게 만드는 것들이 가까이에 아주 많이 있는데 굳이 먼 우주를 이해하자고 주장하는 것, 더 나아가 탐사하러 나서는 것이 터무니없게 여겨질 수도 있다. 그러나 그런 평가가 반드시 공정하다고는 말할 수 없다. 부분보다 전체가 더 단순하다고 해도 결코 역설은 아니다. 벽돌을 한번 생각해보라. 벽돌 모양은 몇 마디로 기술할 수 있다. 그러나 벽돌이 산산이 조각난다면, 그 파편들은 그렇게 간결하게 기술할 수가 없게 된다.

과학 발전은 누덕누덕 기운 듯한 양상을 띤다. 이상하게 들릴지 모르지만, 우주 멀리에서 일어나는 몇몇 현상은 우리가 가장 잘 이해하고 있는 것들에 속한다. 17세기에 살던 뉴턴도 '하늘의 시계태엽 장치'에 대해 기술할 수 있었다. 즉 일식과 월식을 이해하고 예측할 수 있었다. 그러나 그렇게 예측할 수 있는 것은 그 외에 거의 없다. 설령 이해하고 있다고 해도 그렇다. 예를 들어, 일식을 보겠다고 여행을 떠나는 이들이 내일 맑은 하늘을 보게 될지 자욱한 구름을 보게 될지 예측하기란 쉽지 않다. 사실 대부분의 맥락에서는 우리가 얼마나 멀리까지 예측할 수 있는지를 제약하는 근본적인 한계가 하나 있다. 작은 우연한 사건들이 기하급수적인 파급효과를 일으키기 때문이다. 나비의 날갯짓이 지구 반대편에 폭풍우를 부른다는 말을 들어본 적이 있지 않은가? 이런 이유들 때문에 아무리 세밀하게 계산해도 며칠 뒤의 날씨를 정확히 예측하기가 어렵다. 그렇다고 해서 장기 기후 변화 예측이 방해를 받는 것도, 내년 1월이 7월보다 더 추울 것이라는 확신이 약해지는 것도 아니다.

오늘날 천문학자들은 중력파 검출기에 나타나는 미세한 진동이 지구에서 10억여 광년 떨어진 두 블랙홀의 '충돌'에서 비롯된 것이라고 확신할 수 있다.[4] 반면에 우리 모두가 관심을 갖고 있는 식단이나 육아 같은 몇몇 익숙한 문제에서는 '전문가'의 조언이 해마다 바뀔 만큼 여전히 이해 수준이 빈약하다. 내가 어릴 때는 우유와 달걀이 몸에 좋다고 했다. 10년 뒤에는 콜레스테롤이 많이 들어 있어서 위험하다고 했다. 지금은 다시 무해하다고 여겨지는 듯하다. 그러니 초콜릿과 치즈의 애호가들도 조금만 기다리면 그런 식품들이 몸에 좋다는 말을 듣게 될지 모른다. 그리고 가장 흔한 질병 중에는 여전히 완치가 불가능한 것들이 많다.

우리가 일상적인 것들에 쩔쩔매면서 먼 우주의 심원한 현상들을 확신할 만큼 이해하게 됐다는 것은 사실 역설적인 게 아니다. 천문학은 생물학과 인문학, 심지어 '국지적' 환경과학보다 훨씬 덜 복잡한 현상들을 다루기 때문이다.

＊ ＊ ＊

그렇다면 우리는 복잡성을 어떻게 정의하거나 측정해야 할까? 공식적인 정의는 러시아 수학자 안드레이 콜모고로프 Andrey Kolmogorov가 제시한 것이다. 어떤 대상의 복잡성은 그것을 완전히 기술할 수 있는 가장 짧은 컴퓨터 프로그램의 길이에 달려 있다는 것이다.

단 몇 개의 원자로 이뤄진 것이 아주 복잡해질 수는 없는 한편, 커다란 것이라고 해서 반드시 복잡할 필요는 없다. 결정을 생각해보라. 아주 작기에 복잡하지 않다. 설령 크다고 해도, 결정은 복잡하다고 말하지 않을 것이다. 소금 결정의 제조법은 간단하다. 나트륨과 염소 원자를 차곡차곡 쌓아서 정육면체 격자를 만들면 된다. 거꾸로, 결정이 아무리 크다고 해도 계속 쪼개면 원자 하나의 크기로 작아질 때까지는 거의 아무런 변화도 일어나지 않는다. 별 역시 엄청나게 크긴 하지만 꽤 단순하다. 별의 중심핵은 너무 뜨거워서 화학물질은 아예 존재할 수가 없다. 복잡한 분자는 다 분해되어버린다. 기본적으로 원자핵과 전자로 이뤄진 형태 없는 기체와 같다. 사실 블랙홀도 기이해 보이긴 하지만 자연에서 가장 단순한 실체에 속한다. 원자 하나를 기술할 때 쓰는 방정식보다 더 복잡하지 않은 방정식을 써서 정확히 기술할 수 있다.

반면 첨단 기술의 산물들은 복잡하다. 예를 들어, 10억 개의 트랜지스터를 모아놓은 실리콘 칩은 원자 몇 개 수준에 이르기까지 모든 수준에서 구조를 지니고 있다. 그러나 뭐니 뭐니 해도 세상에서 가장 복잡한 것은 생물이다. 동물은 몇 단계의 규모에서 자체적으로 연결된 내부 구조를 지닌다. 한 세포의 단백질들에서부터 팔다리와 주요 기관에 이르는 구조들이다. 이를 쪼갠다면 동물의 본질은 보존되지 않는다. 즉 죽는다. 인간은 원자나 별보다 더 복잡하다. 덧붙이자면 질량도 그 둘의 중간쯤에 해당한다. 인체를 이루는 원자의 개수는 태양이 인체로 이뤄졌다고 할 때의 개수와 비슷하다. 인체의 유전적 요리법은 30억 개의 연결 고리로 된 DNA에 담겨 있다. 그러나 우리는 전적으로 유전자를 통해 정해지는 것이 아니며, 환경과 경험을 통해서도 형성된다. 우리가 아는 한, 우주에서 가장 복잡한 것은 우리 뇌다. 생각, 그리고 뇌의 뉴런을 통해 만들어지는 기억은 유전자보다 훨씬 더 다양하다.

'콜모고로프 복잡성Kolmogorov complexity'과 무언가가 실제로 얼마나 복잡해 보이는가 사이에는 한 가지 중요한 차이점이 있다. 예를 들어, 콘웨이의 라이프 게임은 복잡해 보이는 구조를 낳는다. 그러나 그런 구조들은 모두 특정한 출발점에서 시작하여 단순한 규칙을 반복하는 하나의 짧은 프로그램으로 기술할 수 있다. 망델브로 집합Mandelbrot's set 의 복잡한 프랙털 패턴도 단순한 알고리듬의 산물이다. 그러나 이것들은 예외 사례에 속한다. 우리의 일상 환경을 이루는 대부분의 것은 너무 복잡하여 예측할 수도 없고, 하나하나 자세히 기술할 수도 없다.

그렇긴 해도 몇 가지 핵심 통찰을 통해서 그 본질 중 상당수를 포착할 수 있다. 우리의 관점은 전체를 하나로 통일시키는 탁월한 개념들을 통해 변모해왔다. 대륙 이동의 개념, 즉 판구조론은 전 세계의 지리적 · 생태적 패턴들을 끼워 맞춰서 하나의 전체를 구성하는 데 도움을 준다. 자연선택을 통한 진화라는 다윈의 통찰은 이 행성에 있는 생명의 그물 전체를 아우르는 통일성을 드러낸다. 그리고 DNA의 이중 나선은 유전의 보편적인 토대를 드러낸다. 자연에는 패턴들이 있다. 우리 인간이 행동하는 방식에도 패턴들이 있다. 도시가 어떻게 성장하고, 유행병이 어떻게 퍼지고, 컴퓨터 칩 같은 기술이 어떻게 발달하는지를 드러내는 패턴들이다. 세계를 더 잘 이해할수록 세계는 덜 당혹스러운 곳이 되고, 그만큼 우리는 세계를 변화시킬 수 있다.

과학은 건물의 각 층처럼 위로 올라갈수록 점점 더 복잡한 체계를 연구하는 일종의 계층 구조라고 볼 수 있다. 지하층에는 입자물리학이 있고, 그 위에 나머지 물리학이 있다. 그리고 그 위에 화학·세포학·식물학·동물학이 차례로 놓이고, 그 위에 행동학과 경제학을 포함한 인문학이 놓인다.

이 계층 구조에서 과학들의 '순서'를 놓고 논란이 없는 것은 아니다. 그러나 더 논쟁거리가 되는 것은 '바닥층 과학', 특히 입자물리학이 다른 과학들보다 더 심오하거나 더 근본적이냐 하는 것이다. 어떤 의미에서는 정말로 그렇다고 할 수 있다. 물리학자 스티븐 와인버그<sup>Steven Weinberg</sup>가 "화살은 모두 아래를 향한다"라고 간파했듯이 말이다. 즉 '왜? 왜? 왜?'를 계속하면, 결국 입자 수준에 이르게 된다. 와인버그가 말한 의미로 보면, 과학자들은 거의 다 환원주의자다. 그들은 아무리 복잡하든 간에 만물이 '슈뢰딩거 방정식의 해'라고 확신한다. 생물에 어떤 특별한 '본질'이 주입되어 있다고 생각한 옛 시대의 생기론자들<sup>vitalists</sup>과 달리 말이다. 그러나 이런 환원주의는 개념적으로 유용하지가 않다. 또 다른 위대한 물리학자 필립 앤더슨 Philip Anderson은 "많아지면 달라진다"라고 강조했다. 많은 입자로 이뤄진 거시 계macroscopic system는 '창발성'을 드러내며, 그 계의 수준에 걸맞은 새로운 개념을 써야 가장 잘 이해할 수 있다는 것이다.

파이프나 강에서 물이 흐르는 것처럼 신비하지 않은 현상도 점성과 난류 같은 창발성 개념을 써야 이해가 간다. 유체역학 전문가들은 물이 $H_2O$ 분자로 이뤄져 있다는 사실 자체에는 관심이 없다. 그들은 물을 일종의 연속체로 본다. 그들이 원자 하나하나의 흐름에 대한 슈뢰딩거 방정식을 풀 수 있는 하이퍼컴퓨터를 지닌다고 해도 그렇게 나온 시뮬레이션은 파도가 어떻게 부서지는지, 흐름을 난류로 만드는 것이 무엇인지에 관해 어떤 통찰도 제공하지 못할 것이다.

그리고 정말로 복잡한 현상을 이해하려면 환원 불가능한 새 개념들이 더욱 중요하다. 철새의 이주나 인간의 뇌 같은 것들이 그렇다. 계층 구조의 서로 다른 수준에서 일어나는 현상들은 서로 다른 개념을 써서 이해해야 한다. 난류, 생존, 각성 같은 것들이 그렇다. 뇌는 세포들의 집합이며, 그림은 색소들의 집합이다. 그러나 중요하면서 흥미로운 것은 패턴과 구조다. 즉 창발적 복잡성이다.

그래서 과학을 건물에 비유하는 건 적절치 않다. 건물의 전체 구조는 토대가 약하면 위험해지지만, 복잡한 체계를 다루는 상위 수준의 과학은 건물과 달리 토대가 불안해도 취약하지 않다. 각 과학에는 나름의 개념들과 설명 방식이 있기 때문이다. 환원주의는 어떤 의미에서는 참이지만, 한 가지 유용한 의미에서 보면 거의 그렇지 못하다. 입자물리학자나 우주론자는 과학자 중 약 1퍼센트에 불과하다. 나머지 99퍼센트는 계층 구조의 '더 높은' 수준에서 일한다. 그들이 곤란을 겪는 것은 자기 연구 주제의 복잡성 때문이지, 입자물리학을 제대로 이해하지 못했기 때문이 아니다.

# 물리적 현실은
# 얼마나 멀리까지 뻗어갈까?

 

태양은 45억 년 전에 생겼으며, 약 60억 년이 지나면 연료가 고갈될 것이다. 그런 뒤에 불타오르면서 내행성들을 집어삼킬 것이다. 그리고 팽창하는 우주는 아마도 영원히 팽창을 계속하면서 점점 더 차가워지고 점점 더 텅 비어갈 것이다. 우디 앨런**Woody Allen**의 말을 빌리자면, "영원이란 종말을 향해 아주 길게 늘어지는 것"이다.

태양의 사멸을 목격하는 존재가 있다면, 그들은 인간이 아닐 것이다. 우리가 벌레와 다른 만큼 그들은 우리와 다를 것이다. 이곳 지구와 먼 바깥에서 이뤄질 인간 이후의 진화는 우리에게까지 이어진 다윈 진화만큼 길게 이어질 수도 있으며, 더욱 놀라울 수도 있다. 그리고 현재 가속되는 추세를 생각하면, 앞으로의 진화는 유전학과 인공지능의 발전을 통해 추진되면서 자연선택보다 훨씬 더 빨리 작동하는 기술 시간 규모에서 '지적 설계'를 통해 일어날 수도 있다. 앞서도 말했듯이, 장기적인 미래는 아마 유기물 생명이 아니라 전자 생명에 달려 있을 것이다.

우주적인 관점에서, 아니 사실상 다윈주의 시간 규모에서 보더라도 1,000년은 한순간에 불과하다. 그러니 단 몇 세기, 아니 몇천 년이 아니라 훨씬 더 긴 수백만 년이라는 천문학적 시간 규모에 맞춰서 빨리 나아가 보자. 우리 은하는 별이 탄생하고 죽어가는 활동이 서서히 약해지다가 아마 앞으로 40억 년 뒤에 안드로메다은하와 충돌하면서 '환경 충격'을 받을 것이다. 그런 뒤 우리 은하, 안드로메다은하, 그리고 더 작은 동료 은하들(이것들이 한데 모여 국부 은하군을 이룬다)의 잔해가 모여서 형태 없는 별 무리를 이룰 것이다.

우주 규모에서는 빈 공간에 숨어서 은하들을 서로 밀어내는 수수께끼의 힘이 중력을 압도한다. 은하들은 서로 점점 더 빠르게 멀어지다가 지평선 너머로 사라진다. 무언가가 블랙홀 안으로 떨어질 때 일어나는 일을 뒤집은 것과 좀 비슷하다. 1,000억 년 뒤에 우리 국부 은하군에서 보이는 것이라곤 죽었거나 죽어가는 별뿐일 것이다. 그러나 우주 규모에서는 그런 일이 수조 년 동안 계속될 수도 있다. 그 기간에 살아 있는 계는 복잡성과 '음의 엔트로피'를 습득하는 장기 추세를 계속 이어가서 정점에 다다를 수도 있다. 한때 별과 가스에 들어 있었던 모든 원자를 생물이나 실리콘 칩같은 복잡한 구조로 바꿔놓을 수도 있다. 어쨌든 결국 더 어두컴컴해진 배경 속에서 양성자는 붕괴하고, 암흑물질 입자는 소멸하고, 블랙홀이 증발할 때 이따금 불빛이 번쩍거리다가, 이윽고 침묵이 깔릴 것이다.

앞서 언급한 프리먼 다이슨은 1979년에 지금은 고전이 된 논문을 발표했다. '우주의 운명이 놓여 있을 한계 범위를 숫자로 나타내는' 것이 논문의 목표였다.[5] 설령 모든 물질을 다 모아서 최고의 컴퓨터나 초지능을 만든다고 해도, 정보를 처리할 수 있는 양에는 여전히 한계가 있지 않을까? 무한히 많은 수의 생각을 할 수 있을까? 답은 우주론에 달려 있다. 낮은 온도에서 계산을 수행하면 에너지가 덜 든다. 우리가 속한 것과 같은 우주에서는 다이슨의 한계 범위가 유한하겠지만, 그 사색가가 추운 상태에서 느릿느릿 생각을 한다면 최대한 늘어날 것이다.

우리의 공간과 시간에 관한 지식은 불완전하다. 아인슈타인의 상대성(중력과 우주를 기술하는)과 양자 원리(원자 규모를 이해하는 데 중요한)는 20세기 물리학의 두 기둥이지만, 둘을 통일하는 이론은 아직 완성되지 못했다. 현재의 개념들은 그 분야에서의 발전이 우주에서 가장 단순해 보이는 것을 철저히 이해하는 일에 달려 있음을 시사한다. '단순한' 빈 공간, 즉 진공은 모든 일이 일어나는 곳이다. 진공은 원자보다 1조 곱하기 1조 배 더 작은 규모이지만, 풍부한 구조를 지니고 있을지도 모른다. 끈 이론은 보통 공간의 각 '점'을 확대해보면 몇 개의 여분 차원에서 치밀하게 접힌 종이접기 작품임이 드러날 것이라고 본다.

우리가 망원경으로 조사할 수 있는 모든 영역에서는 동일한 근본 법칙이 적용된다. 그렇지 않다면, 다시 말해 원자의 행동이 무정부주의적이라면 우리는 관측 가능한 우주를 이해하는 데 아무런 진전도 이루지 못했을 것이다. 그러나 이 관측 가능한 영역이 물리적 현실의 전부가 아닐 수도 있다. 일부 우주론자는 우리의 빅뱅이 유일한 빅뱅이 아니라고 추정한다. 물리적 현실은 '다중 우주multiverse' 전체를 포괄하는 거대한 것이라고 본다.

우리는 유한한 공간만을, 그리고 유한한 수의 은하만을 볼 수 있다. 이유는 본질적으로 지평선까지, 즉 우리를 둘러싸고 있는 껍질까지만 볼 수 있기 때문이다. 빛이 우리에게 도달할 수 있는 가장 먼 거리를 뜻한다. 그러나 그 껍질은 물리적으로 보자면 우리가 대양 한가운데에 있을 때 수평선이 그리는 원과 다를 바 없다. 보수적인 천문학자들조차도 우리 망원경의 범위 내에 있는 시공간의 부피(천문학자들이 관습적으로 '우주'라고 부르는 것)가 빅뱅의 산물 중 미미한 일부에 불과하다고 확신한다. 우리는 그 지평선 너머 관찰 불가능한 곳에 훨씬 더 많은 은하가 있고, 그 각각의 은하는 그 안에 있을 모든 지성체와 함께 우리 은하와 비슷하게 진화할 것으로 예상한다.

원숭이에게도 시간을 충분히 준다면 셰익스피어의 작품을 쓸 수 있다는 말이 있다. 이 말은 수학적으로는 옳다. 그러나 마침내 성공하기까지 거칠 실패의 횟수는 약 1,000만 자릿수에 달한다. 우리 은하의 모든 행성에 원숭이가 우글거리고,

첫 행성이 형성된 이래로 그들이 죽 자판을 두드리고 있었다고 한다면, 그들이 썼을 법한 최고의 작품은 기껏해야 열 줄짜리 시 한 편 정도일 것이다. 어쩌면 세계의 모든 문학 작품에 나올 법한 맥락에 맞는 짧은 문장들은 있겠지만, 완성된 작품은 단 한 편도 없을 것이다. 책 분량의 특정한 문자 집합을 지어내는 일은 대단히 있을 법하지 않기에 관측 가능한 우주 내에서 단 한 차례도 일어나지 않을 것이다. 주사위를 계속 던지면 6이 잇달아 몇 번 나올 때가 있겠지만, 10억 년 동안 계속 던진다고 해도 6이 잇달아 100번 나오는 일은 아마 없을 것이다.

그러나 우주가 충분히 멀리까지 뻗어 있다면, 모든 일이 일어날 수 있다. 우리 지평선 너머 멀리 어딘가에 지구의 사본이 있을 수도 있다. 그러려면 우주가 아주아주 커야 한다. 단지 100만 자릿수가 아니라 10의 100제곱에 해당하는 자릿수를 지닐 정도로 말이다. 10의 100제곱을 구골<sup>googol</sup>이라고 하며, 1에 0이 구골만큼 붙은 수는 구골플렉스<sup>googolplex</sup>라고 한다.

비록 대부분의 일이 우리가 상상할 수 있는 관측 범위를 훨씬 넘어선 곳에서 일어나겠지만, 시간과 공간이 충분하다면 상상할 수 있는 모든 사건의 사슬이 어딘가에서 펼쳐질 수도 있다. 우리 자신의 사본들이 가능한 한 모든 선택을 각자 다르게 하고, 그 각 선택의 결과들이 죽 펼쳐지는 모든 조합이 있을 수 있다. 선택을 해야 할 때마다 사본 중 누군가는 이쪽, 또 누군가는 다른 쪽을 택할 수 있다는 얘기다. 우리는 자신이 하는 선택이 '결정되어 있는' 것처럼 느낄지도 모른다. 그러나 멀리 어딘가에서, 우리 관측의 지평선 너머 아주 멀리에서 정반대 선택을 한 아바타가 있다고 하면 좀 위안이 될 것이다.

이 모든 것이 우리 빅뱅의 결과물 내에 포함될 수 있다. 엄청난 부피로 팽창할 수 있었다면 말이다. 게다가 그것이 끝이 아니다. 우리가 전통적으로 '우주'라고 불러온 것, 즉 '우리' 빅뱅의 결과물 전체가 무한히 많은 섬으로 이뤄진 군도 속의 섬 하나, 그저 한 조각의 시간과 공간에 불과할 수도 있다. 빅뱅은 단 한 번이 아니라, 많이 일어났을 수도 있다. 이 다중 우주를 이루는 각 우주는 식는 속도가 서로 달랐을 수도 있고, 그리하여 아마 서로 다른 물리 법칙의 지배를 받게 됐을 수도 있다. 지구가 무수한 행성들 가운데 아주 특별한 행성인 것처럼, 훨씬 더 큰 규모에서 보면 우리 빅뱅 역시 무수한 빅뱅 중 아주 특별한 것일 수도 있다. 이 엄청나게 확장된 우주 관점에서 보면,

아인슈타인 법칙과 양자 법칙은 우리의 조막만 한 우주를 지배하는 국지적 법칙에 불과할 수도 있다. 그렇다면 시간과 공간은 극미시 규모에서는 뒤얽힌 '알갱이' 같은 것이면서, 천문학자들이 탐사할 수 있는 것보다 훨씬 더 큰 규모에서는 풍성한 생태계의 만물상만큼 복잡한 구조를 지니고 있을지 모른다. 그 전체에 비춰 볼 때, 물리적 현실에 관해 현재 우리가 지닌 개념은 한 숟가락의 물이 자신의 우주라 할 플랑크톤이 지구 전체를 상상하는 것과 다를 바 없는 수준일지 모른다.

정말로 그럴 수 있을까? 21세기 물리학의 도전 과제 중 하나는 두 가지 질문에 답하는 것이다. 첫 번째, 빅뱅이 하나가 아니라 여럿일까? 두 번째 질문이 더욱 흥미로운데, 빅뱅이 여럿이라면 모두 같은 물리학의 지배를 받을까?

우리가 다중 우주에 있다는 것이 드러난다면, 그 발견은 네 번째이자 가장 장대한 코페르니쿠스 혁명이 될 것이다. 우리는 코페르니쿠스 혁명 자체를 겪었다. 그 후 우리 은하에 수십억 개의 행성계가 있다는 것을 알게 됐다. 이어서 관측 가능한 우주에 수십억 개의 은하가 있다는 것을 알아차렸다. 그러나 이제 그것이 전부가 아님을 알게 됐다. 천문학자들이 관측할 수 있는 전경 전체는 '우리' 빅뱅의 결과물 중 미미한 부분일 수 있다. 그리고 우리의 빅뱅 자체도 무한히 많은 빅뱅 중 하나에 불과할지 모른다.

'평행 우주parallel universe'라는 개념은 처음 들으면 현실과 아무 관계 없는 너무 난해한 것처럼 여겨질 수도 있다. 그러나 이 개념(적어도 그 개념 중 한 형태)은 전혀 새로운 유형의 컴퓨터가 존재할 수 있음을 제시한다. 바로 양자 컴퓨터다. 사실상 거의 무한한 평행 우주들 사이에 계산 부하를 분담시킴으로써 가장 빠른 디지털 프로세서의 한계를 초월할 수 있는 컴퓨터다.

50년 전, 우리는 빅뱅이 있었는지조차 확신하지 못했다. 나의 케임브리지 스승인 프레드 호일Fred Hoyle은 그 개념을 논박하면서, 영원하면서 변치 않는 '정상steady-state' 우주론을 제시했다. 그는 끝까지 빅뱅을 받아들이지 않았고, 대신 말년에 '정상 폭발steady bang'이라고 부를 만한 절충 개념을 제시했다. 현재 우리는 우주 역사를 초고밀도ultradense의 첫 나노초까지 거슬러 올라갈 수 있을 만큼의 증거를 충분히 갖고 있다. 지구의 초기 역사를 추론하는 지질학자만큼 확신을 갖고 있다. 따라서 앞으로 50년 안에 '통일된' 물리 이론이 나올 것이라는 희망도 지나치게 낙관적인 것이 아니다. 현재의 이론들이 적용되는 범위보다 밀도와 에너지가 훨씬 더 높았던, 빅뱅 후 첫 1조 분의 1조 분의 1조 분의 1초에 일어난 일을 기술할 만큼 폭넓으면서 일상 세계에서 실험과 관측을 통해 확증된 이론 말이다. 그 미래의 이론에서 빅뱅이 다수라고 예측한다면, 우리는 설령 직접 검증할 수 없다고 할지라도 그 예측을 진지하게 받아들여야 한다. 아인슈타인의 이론이 블랙홀의 관측 불가능한 내부에 관해 말한 바를 믿는 것과 마찬가지다. 그 이론이 우리가 관측할 수 있는 영역들에서 많은 시험을 견뎌냈기 때문이다.

금세기 말이면 우리는 다중 우주에 살고 있는지, 그것을 구성하는 우주들이 얼마나 다양한지를 물을 수 있게 될지 모른다. 이 질문의 답에 따라서 우리가 사는, 그리고 언젠가 우리가 접촉할지 모를 외계인과 공유할 '생명 친화적biofriendly' 우주를 어떻게 해석해야 하는지도 달라질 것이다.

나는 1997년 저서 《태초 그 이전》[6]에서 다중 우주를 다뤘다. 어느 정도는 우리 우주가 '생명 애호적biophilic'이고 미세하게 조율된 듯한 특징을 지닌다는 점에서 착안했다. 물리적 현실이 기본 상수와 법칙에 '다양한 변화를 준' 우주들의 집합 전체로 이뤄진다면, 놀랄 일도 아닐 것이다. 대부분의 우주는 생명을 낳지도 키우지도 못하겠지만, 우리 자신은 창발적 복잡성을 허용하는 법칙을 지닌 우주 중 하나에 살고 있을 것이다. 이 개념은 1980년대에 '우주 급팽창<sup>cosmic inflation</sup>' 이론이 나오면서 힘을 얻었다. 이 이론은 관측 가능한 우리 우주 전체가 어떻게 미시 크기의 사건에서 싹틀 수 있었는지를 새롭게 이해할 수 있도록 해줬다. 그 뒤에 끈 이론가들이 다양한 유형의 진공이 존재할 가능성을 제기하기 시작하면서 더욱 주목받게 됐다. 즉 각각의 진공은 서로 다른 법칙의 지배를 받는 미시물리학의 세계라는 것이다.

비록 사변적이긴 하지만, 그 뒤로 나는 이런 개념들의 출현과 견해의 변화를 유심히 지켜봐 왔다. 2001년에는 이 주제를 논의하는 학술회의를 공동으로 주최했다. 회의는 케임브리지에서 열렸는데, 대학교 안에서가 아니었다. 도시 외곽에 있는 농가인 우리 집에서였다. 우리는 헛간을 개조한 소박한 곳에서 논의를 했다. 몇 년 뒤 우리는 후속 회의를 열었다. 이번에는 전혀 다른 곳에서였다. 트리니티 칼리지의 웅장한 회의장에서였다. 연단 뒤로 그 대학의 가장 유명한 동문인 뉴턴의 초상화가 걸려 있었다.

학생 때 이미 입자물리학의 표준 모형을 정립하는 데 기여하면서 유명해진 프랭크 윌첵Frank Wilczek은 두 회의에 다 참석했다. 2차 회의 때 그는 두 회의의 분위기가 정반대라고 말했다. 그는 첫 회의 때 참석한 물리학자들이 근본 상수와 대체 우주에 관한 음모론을 제기하는 등 이상한 주장을 여러 해 동안 떠들고 다니던 황야의 비주류 목소리였다고 했다. 한마음 한뜻으로 이론물리학계를 이끄는 이들에게는 너무나 낯설게 느껴지는 주제와 접근법을 떠드는 이들이었다. 주류 과학자들은 유일하고도 수학적으로 완벽한 우주를 이해하는 일에 매진하고 있었다. 그런데 2차 회의에서는 '그 지도자들이 황야의 예언자들에게 합류하기 위해 몰려들었다'는 것이다.

몇 년 전에 나는 스탠퍼드대학교에서 열린 한 회의의 토론자로 참석했는데, 의장이 우리에게 이렇게 물었다. "다중 우주 개념이 옳다는 것을 얼마나 확신합니까? 내기를 건다고 하면 어떤 걸 걸겠습니까? 자신의 금붕어 또는 개? 아니면 자신의 목숨?" 나는 거의 개 수준에 가깝다고 대답했다. 25년째 '영구 팽창eternal inflation' 이론을 전파하고 있던 러시아 우주론자 안드레이 린데Andrei Linde는 거의 자신의 목숨을 걸 수준이라고 했다. 나중에 이 이야기를 들은 저명한 이론가 스티븐 와인버그는 "나는 마틴 리스의 개와 안드레이 린데의 목숨을 기꺼이 걸겠다"고 말했다.

안드레이 린데와 내 개, 그리고 나는 이 논쟁이 해결되기 전에 세상을 떠날 것이다. 이는 형이상학이 아니다. 고도로 사변적이다. 그러나 흥분을 불러일으키는 과학이다. 그리고 참일지도 모른다.

# 과학이 실패할 수도 있을까?

과학의 한 가지 특징은 우리 지식의 최전선이 확장될 때, 그 바로 너머에서 새로운 수수께끼들이 더 뚜렷이 보이기 시작한다는 것이다. 내 연구 분야인 천문학에서는 예기치 않은 발견들이 계속 잇따르면서 끊임없이 흥분을 일으켜왔다. 모든 학문 분야에서는 모든 단계에 '모르는 미지의 것들unknown unknowns'이 있다. 그러나 더욱 심오한 질문이 있다. 인류의 이해력을 벗어나 있기 때문에, 우리가 결코 알지 못할 것들도 있을까? 우리 뇌와 마음은 현실의 모든 주요 특징을 이해할 능력을 지니고 있을까?

우리는 사실 자신이 너무나 많은 것을 이해해왔다는 사실에 경이로움을 느껴야 한다. 인간의 직관은 우리의 먼 조상들이 아프리카 사바나에서 마주쳤던 일상적인 현상들에 대처하면서 진화했다. 우리 뇌는 그 이후로 그다지 변하지 않았다. 따라서 양자 세계와 우주의 직관에 반하는 행동들을 우리 뇌가 이해할 수 있다는 사실 자체가 놀라운 것이다. 앞서 나는 현재의 많은 수수께끼의 해답이 앞으로 수십 년 안에 뚜렷이 드러날 것으로 추측했다. 그러나 아마 전부는 아닐 것이다. 현실의 몇몇 핵심 특징은 우리의 개념적 이해 능력을 초월할지도 모른다. 우리는 때로 실패할지도 모른다. 우리의 장기적 운명과 물리적 세계를 완전히 이해하는 데 중요하지만, 원숭이가 별과 은하의 특성을 이해하지 못하는 것처럼 우리가 이해하지 못할 현상들도 있을지 모른다. 외계인이 존재한다면, 우리가 상상할 수도 없는 방식으로 의식을 구조화하고 현실을 전혀 다른 식으로 지각하는 뇌를 지닌 이들도 있을지 모른다.

우리는 이미 컴퓨터로부터 도움을 받고 있다. 컴퓨터 안의 가상 세계에서 천문학자들은 은하의 형성 과정이나 달이 어떻게 형성됐는지를 알아내기 위해 다른 행성이 지구에 충돌하는 상황을 모사할 수 있다. 기상학자들은 날씨 예보를 하고 기후의 장기 추세를 예측하기 위해 대기를 시뮬레이션해볼 수 있다. 뇌과학자들은 뉴런들이 상호작용하는 양상을 모사할 수 있다. 콘솔의 성능이 더 좋아지면서 비디오 게임이 더 정교해지는 것처럼, 컴퓨터 성능이 좋아짐에 따라 이런 가상 실험도 더 현실에 가까워지고 유용해진다.

게다가 인간의 뇌가 알아차리지 못한 발견을 컴퓨터가 하지 말라는 법은 없다. 예를 들어, 어떤 물질은 아주 낮은 온도에서는 완벽한 전기 전도체가 된다. 즉, 초전도체다. 연구자들은 상온에서도 작동하는 초전도체의 제조법을 찾아내기 위해 꾸준히 연구를 하고 있다. 지금까지 초전도성을 일으키는 데 성공한 가장 높은 온도는 황화수소를 대상으로 한 것으로 대기압하에서는 약 −135℃이며, 아주 고압에서는 약 −70℃다. 초전도체를 이용하면 대륙 간에 손실 없이 전기를 전송할 수 있고, 효율적인 자기 부상 열차도 만들 수 있을 것이다.

이 연구에는 많은 시행착오가 수반된다. 그러나 지금은 컴퓨터 덕분에 실제 실험을 함으로써 찾아낼 수 있는 것보다 훨씬 더 빨리 물질들의 특성을 계산할 수 있게 됐다. 수백만 가지 대안도 아주 짧은 시간에 계산할 수 있다. 예컨대 기계가 독특하면서 성공적인 제조법을 내놓았다고 하자. 알파고가 썼던 것과 같은 방법을 써서 성공했을 수도 있다. 그 기계는 과학자가 노벨상을 받을 만한 일을 해냈다고 할 수 있으며, 자신의 전문 분야 내에서 통찰력과 상상력을 지닌 양 행동했다고 볼 수 있다. 알파고가 몇 수로 인간 국수를 쩔쩔매게 하고 감탄을 자아내게 했듯이 말이다. 마찬가지로 신약에 가장 알맞은 화학 조성을 찾는 일도 점점 더 실제 실험을 통해서가 아니라 컴퓨터를 통해서 하게 될 것이다. 항공공학자들은 이미 여러 해 전부터 실제 풍동 실험보다는 컴퓨터 계산을 통해 날개 주위의 공기 흐름을 모사해왔다.

마찬가지로 중요한 점은 컴퓨터가 엄청난 데이터 집합을 분석하여 작은 추세나 상관관계를 식별하는 능력도 지닌다는 것이다. 유전학의 예를 들면, 지능과 키 같은 특징은 여러 유전자의 조합을 통해 결정된다. 이런 조합을 찾아내려면 대량의 유전체 자료를 훑어서 작은 상관관계를 찾아낼 만큼 빠른 기계가 필요할 것이다. 금융 거래자들도 비슷한 방법을 쓴다. 시장의 흐름을 파악하여 빠르게 반응함으로써 다른 이들로부터 돈을 빼앗아 자신의 투자자들 주머니를 불려주기 위해서 말이다.

한 가지 덧붙이자면, 인간의 뇌가 이해할 수 있는 것에 한계가 있다는 내 주장을 반박하고 나선 이가 있었다. 양자 컴퓨팅이라는 핵심 개념을 제시한 물리학자 데이비드 도이치<sup>David Deutsch</sup>다. 그는 《무한의 시작<sup>The Beginning of Infinity</sup>》[7]이라는 도발적이고도 탁월한 책에서 모든 과정은 원칙적으로 계산 가능하다고 지적했다. 그 말은 맞다. 그러나 무언가를 계산할 수 있다는 것이 그것을 깊이 깨닫고 이해한다는 말은 아니다. 기하학에서 예를 하나 들어보자. 평면의 점은 X축과 Y축에서의 거리를 나타내는 두 수를 통해 위치가 정해진다. 학교에서 기하학을 공부한 사람이라면 누구나 '$X^2+Y^2=1$'이라는 방정식이 원을 기술한 것임을 안다. 유명한 망델브로 집합은 겨우 몇 줄의 알고리듬으로 기술된다. 그리고 그 모양은 성능 낮은 컴퓨터로도 그릴 수 있다. 그 콜모고로프 복잡성은 높지 않다. 그러나 어떤 인간도 그저 알고리듬만 보고서 이 엄청나게 복잡한 프랙털 패턴을 이해하고 시각화할 수는 없다.

우리는 금세기에 과학에서 더욱 극적인 발전이 이뤄질 것으로 예상할 수 있다. 현재 우리를 당혹스럽게 하는 많은 질문에 답이 제시될 것이고, 지금은 상상도 하지 못하는 새로운 질문들이 제기될 것이다. 설령 그럴지언정 우리는 아무리 노력해도 너무 복잡해서 인간의 뇌로는 온전히 이해할 수 없는 자연의 근본 진리가 존재할 가능성이 있다고 열린 마음을 가져야 한다. 사실 아마 우리는 뇌 자체의 수수께끼를 결코 이해하지 못할 것이다. '원자들은 대체 어떻게 자기 자신을 지각하고 그 기원을 생각할 수 있는 회백실을 만들어낼 수 있을까?' 하는 질문이다. 아니면 우리가 출현할 수 있을 만큼 우주가 말 그대로 너무나 복잡하기에 그저 우리 마음이 이해할 수 없을 수도 있다.

장기적인 미래가 유기물인 포스트휴먼에 달려 있을지 무기물인 지적 기계에 달려 있을지는 여전히 논란거리다. 물리적 현실을 완전히 이해하는 것이 인류의 이해 능력 안에 있으며 포스트휴먼 후손들이 도전할 수수께끼가 전혀 남아 있지 않을 것이라고 믿는다면, 너무 인류 중심적이지 않을까?

# 신은 어떨까?

앞서도 말했듯이 천문학자들이 가장 많이 받는 질문은 이 것이다. "외계인이 존재할까요?" 그다음으로 많이 받는 질문은 이것이다. "당신은 신을 믿습니까?" 두 번째 질문을 접할 때면 나는 절충에 가까운 답을 내놓는다. 신을 믿진 않지만, 신을 믿는 많은 이들이 느끼는 경이와 수수께끼를 나도 느낀다고 말이다.

과학과 종교 사이의 접점은 여전히 논쟁을 불러일으킨다. 그러면서도 17세기 이래 본질적으로 달라진 것이 전혀 없다. 뉴턴의 발견은 다양한 종교적, 반종교적 반응을 촉발했다. 19세기에 찰스 다윈이 한 발견은 더욱 그랬다. 지금의 과학자들은 다양한 종교적 입장을 보인다. 전통 종교의 신자도 있고 강경한 무신론자도 있다. 내 개인적 견해는 우리가 과학을 추구함으로써 배운 것이 있다면, 원자 같은 기본적인 것조차도 이해하기가 무척 어렵다는 것이다. 따라서 존재의 어떤 심오한 측면들에 대해 아주 불완전하면서 비유적인 깨달음 외에 그이상의 무엇을 이뤘다고 주장하는 모든 교조적인 주장, 아니모든 주장에는 회의적인 태도를 취해야 한다는 것이다. 다윈이 미국 식물학자 에이서 그레이Asa Gray에게 보낸 편지에 썼듯이 말이다.

이 주제 전체가 인간의 지능이 이해하기에는 너무나 심오하다는 것을 뼈저리게 느낍니다. 개가 뉴턴의 정신을 추측하는 것이나 다름없겠지요. 저마다 원하는 대로 바라고 믿으라고 놔두는 수밖에요.[8]

창조론자들은 신이 더도 말고 덜도 말고 지금 있는 그대로의 지구를 창조했다고 믿는다. 신종이 출현하거나 복잡성이 증가할 여지를 전혀 남기지 않고, 더 드넓은 우주와 거의 무관하게 말이다. 순수 논리로 따지자면, 우주가 우리의 모든 기억과 역사의 모든 흔적을 지닌 상태로 한 시간 전에 창조됐다는 주장조차도 논박하기가 불가능하다. 미국의 많은 복음주의자와 모슬렘 세계 곳곳에서는 여전히 창조론을 믿는다. 켄터키주에는 창조박물관도 있다. 그곳에는 1억 5,000만 달러를 들여서 만든 길이 155미터의 이른바 '실물' 크기라는 노아의 방주도 전시되어 있다.

창조론의 더 정교한 변이 형태인 '지적 설계intelligent design' 개념도 유행하고 있다. 이 개념은 진화는 받아들이지만, 현생 인류의 출현으로 이어지는 엄청나게 긴 사건들의 사슬을 설명할 수 있는 무작위적인 자연선택을 부정한다. 생물의 한 주요 구성요소가 한 차례의 도약이 아니라 일련의 진화 단계를 거쳐야 나오는 것처럼 보인다면 그만큼 많은 단계가 있어야 하는데도, 중간 단계들은 그 자체로는 아무런 생존 이점을 제공하지 못한다고 주장한다. 이런 식의 논리는 전통적인 창조론의 것과 비슷하다. 그 신자는 아직 이해가 안 된 어떤 세부 사항에 초점을 맞춰서, 그 수수께끼처럼 보이는 것이 그 이론에 있는 근본적인 결함이라고 주장한다. 그리고 무엇이든 간에 초자연적인 개입을 동원하여 설명할 수 있다고 본다. 따라서 설명할 수 있느냐 아니냐로 성공 여부를 판단한다면, 그 설명이 그저 손가락을 튕기는 것이라고 해도 지적 설계론자가 언제나 이길 것이다.

그러나 설명이란 하나의 근본 원리나 통일된 개념으로 저마다 다른 현상들을 통합하고 연관 지을 때만이 가치가 있다. 다윈이 《종의 기원》에서 "하나의 긴 논증"이라고 말하면서 상세히 다룬 자연선택이 바로 그런 원리다. 사실 최초의 위대한 통일 원리는 뉴턴의 중력 법칙이었다. 우리를 땅에 붙들어놓고 사과를 땅에 떨어지게 하는 친숙한 중력, 그리고 달과 행성을 궤도에 붙들어놓는 힘이 같은 것임을 밝힌 법칙이다. 뉴턴 덕분에 우리는 사과가 떨어질 때마다 적어둘 필요가 없다.

지적 설계는 고전적인 논리로까지 거슬러 올라간다. 설계되었다는 것은 설계자를 필요로 한다는 것이다. 2세기 전, 신학자 윌리엄 페일리William Paley는 '시계와 시계공'이라는 오늘날 널리 알려진 비유를 내놓았다. 눈, 마주 보는 엄지 등을 자애로운 창조주의 증거라고 제시한 논증이었다.[9] 반대로 현재 우리는 모든 생물학적 고안물이 주변 환경과 상호작용하면서 오랜 세월에 걸친 진화적 선택과 공생의 산물이라고 본다. 페일리의 논증은 신학자들 사이에서도 인기를 잃었다.[10]

페일리에게 천문학은 설계의 증거를 내놓는 가장 생산적인 과학이 아니라 '창조주의 작업 규모를 가장 잘 보여주는' 분야였다. 그가 은하 · 별 · 행성 · 주기율표의 각 원소로 이어지는, 마치 섭리에 따른 듯이 보이는 물리학을 알았다면 아마 천문학을 달리 봤을지도 모른다. 우주는 아주 짤막한 요리법에 적힌 단순한 시작, 즉 하나의 빅뱅에서 진화했다. 그러나 그 물리 법칙은 진화한 것이 아니라 주어진 것이다. 이 요리법이 다소 특별해 보인다는 주장은 페일리의 생물학적 증거와 달리, 쉽게 내칠 수가 없어 보인다.

페일리의 현대판에 해당하는 인물인 수학자였다가 물리학자가 된 존 폴킹혼John Polkinghorne은 우리의 세밀하게 조율된 서식지를 "그러해야 한다고 의도한 창조주의 창조물"이라고 해석한다.[11] 나는 폴킹혼과 기분 좋은 공개 토론을 한 적이 있다. 케임브리지 학생일 때 그에게 물리학을 배웠는데, 내 논지는 그의 신학이 너무 인간 중심적이고 협소하여 신뢰가 안 간다는 것이었다. 그는 지적 설계를 지지하진 않지만, 신이 시시

때때로 살짝 밀거나 잡아당겨서 세계에 영향을 미칠 수 있다고 믿었다. 특히 작은 변화에 유달리 잘 반응하여 결과가 달라질 때 그렇다고 봤다. 쉽게 숨길 수 있는 최소한의 노력으로 최대의 영향을 미칠 수 있다는 것이다.

기독교 성직자나 다른 종교의 그에 상응하는 사람을 만날 때면, 나는 그들이 무엇을 기준선으로 삼는지 알아내려고 한다. 신자들이 틀림없이 받아들일 '신학적 최소 기준'이 무엇인가 하는 것이다. 많은 기독교인이 부활을 역사적이자 물리적인 사건이라고 여긴다는 것은 분명하다. 폴킹혼은 확실히 그랬다. 그는 세상의 종말이 닥칠 때 우리 모두가 겪을 색다른 물질 상태로 예수가 상전이를 했다고 말함으로써, 그것을 물리학으로 포장했다. 그리고 캔터베리 대주교인 저스틴 웰비Justin Welby는 2018년 부활절 메시지에서 부활이 "그저 이야기나 비유라면, 솔직히 말해서 나는 이 일을 그만두어야 합니다"라고 말했다. 그러나 성인 후보자가 성인의 자격을 얻기 위해 이뤄야 하는 두 가지 기적을 정말로 믿는 가톨릭 신자가 과연 얼마나 될까? 그렇게 글자 그대로 믿는 이들이 너무나 많다는 사실이 정말로 당혹스럽다.

나는 나 자신이 "실천하지만 믿지는 않는 기독교인"이라고 말하곤 한다. 유대인들도 비슷한 개념에 친숙하다. 그들 중 상당수는 금요일 밤에 촛불을 켜는 등 전통 관습을 따른다. 하지만 그렇다고 그들이 반드시 종교를 우선시한다는 의미는 아니며, 자신의 종교가 유일한 진리라고 주장한다는 의미는 더더욱 아니다. 더 나아가 그들은 스스로 무신론자라고 말할지도 모른다. 마찬가지로 '문화적 기독교인'으로서, 나는 어릴 때부터 다녀서 익숙한 성공회 성당의 의식 행사에 때때로 기꺼이 참여한다.

강경한 무신론자는 교조적인 종교 교리, 그리고 물리적 세계에서 초자연적인 것의 증거를 찾으려 하는 자연신학이라는 것에 너무 초점을 맞춘다. 그러나 무지하지도 어리석지도 않은 '종교적인' 사람들도 있음을 알아야 한다. 주류 종교와 평화롭게 공존하기보다는 그 종교를 공격함으로써, 그들은 근본주의와 광신적 행위에 맞서는 동맹을 약화시킨다. 또 그들은 과학도 약화시킨다. 젊은 모슬렘이나 복음주의 기독교인에게 신은 없으며 진화를 받아들이라고 말한다면, 그들은 신을 택하고 과학을 버릴 것이다. 대다수 종교의 신자들은 자기 종교의 공동체적·의례적 측면들을 매우 중요하게 여긴다. 사실 그들 중 상당수는 신앙보다 의례를 더 우선시할지도 모른다. 분열이 극심하고 변화가 심란할 만큼 빠를 때, 그런 공통의 의례는 공동체 내에서 유대감을 제공한다. 그리고 신자들을 과거 세대들과 연결하는 종교 전통은 후손들에게 황폐해진 세계를 물려주어서는 안 된다는 문제의식을 더 강화한다.

이런 생각의 흐름은 나의 마지막 주제로 이어진다. 우리는 21세기의 도전 과제들에 어떻게 대처해야 할까? 또한 지금 있는 세계와 우리가 살고 싶어 하는 세계 사이의 틈을 어떻게 좁히며, 다른 창조물들과 어떻게 공존해야 할까?

# ON THE FUTURE

온 더 퓨처

CHAPTER 5

과학자는 무엇을 해야 하는가

# 과학과 과학자

이 책의 1장에서는 금세기에 일어나고 있는 변화들을 조명했다. 속도와 지구 환경에 가하는 스트레스 면에서 유례없는 변화들이다. 2장에서는 앞으로 수십 년 안에 이뤄질 것으로 예상되는 과학의 발전에 초점을 맞춰 혜택을 강조하는 한편, 윤리적 난제와 교란, 더 나아가 파국이 일어날 위험도 살펴봤다. 3장에서는 시간과 공간 양쪽으로 더 폭넓은 지평선을 탐사했다. 우리 행성 바깥의 우주에 관해 이런저런 추정을 하고, 인류 이후의 미래를 전망했다. 4장에서는 우리 자신과 세계를 더 깊이 이해하게 될 가능성을 따져봤다. 우리가 알게 될 만한 것은 무엇이고, 영구히 우리의 이해 능력을 벗어난 것은 무엇일지 살펴봤다. 이 마지막 장에서는 '지금 여기'에 초점을 맞추기로 하자. 그리고 이를 배경으로 과학자의 역할을 살펴보자. 우리 후손들이 어떤 세계를 물려받을지를 걱정하는 인간이자 시민으로서 우리 모두가 지닌 의무 외에 과학자들은 특별한 의무를 지니고 있다는 말을 하고자 한다.

그러기 전에, 한 가지 중요한 점을 명확히 하고 싶다. 내가 이 책 전체에서 '과학'이라는 말을 기술과 공학까지 포괄하는 간편한 표현으로 쓰고 있다는 점이다. 실용적인 목적으로 과학 개념을 이용하고 구현하는 일은 무엇인가를 처음 발견하는 것보다 더 어려운 과제가 될 수 있다. 내 공학자 친구들이 좋아하는 시사만화의 한 장면이 있다. 비버 두 마리가 거대한 수력 댐을 올려다보고 있다. 한 마리가 다른 비버에게 말한다.

"사실 내가 만든 건 아니지만, 내 착상을 딴 거야."

나는 이론가 동료들에게 지퍼를 발명한 스웨덴 공학자 기디언 선드백Gideon Sundback이 우리 대다수가 할 법한 것보다 더 큰 지적 도약을 이뤘음을 상기시키곤 한다.

과학자들은 과학적 방법이라고 하는 특유의 절차를 따른다고 널리 믿어지고 있다. 이 믿음은 내버려야 한다. 과학자들이 현상들을 분류하고 증거를 평가할 때, 변호사나 수사관과 같은 합리적 추론 양식을 따른다고 말하는 편이 오히려 진실에 더 가까울 것이다. 이와 관련된 한 가지 오해는 과학자들의 생각에 어떤 엘리트적 특성이 있다는 널리 퍼진 가정이다. 예컨대 학력academic ability은 최고의 언론인, 법조인, 공학자, 정치인도 대부분 지니고 있는 훨씬 더 넓은 지적 능력의 한 측면이다. 앞서 언급한 생태학자 에드워드 O. 윌슨은 어떤 과학 분야에서 두드러지려면 사실상 너무 명석하지 않은 편이 낫다고 단언한다.[1] 과학자의 연구 인생에 한 획을 긋는 깨달음이나 유레카의 순간을 깎아내리는 것이 아니다. 개미 수만 종에 관한 세계적인 전문가로서 윌슨이 한 연구에는 수십 년 동안 힘들게 발품을 판 과정이 포함되어 있다. 안락의자에 앉아서 머리를 굴리는 것만으로는 부족하다. 지겨워질 위험도 있다. 게다가 주의 지속 시간이 짧은 이들은 월스트리트 같은 곳에서 초단기로 주식을 거래하는 직업을 찾는 편이 더 행복할지 모른다. 비록 보람은 덜할지라도.

과학자들은 대개 철학에 별 관심을 기울이지 않지만, 일부 철학자와는 뜻이 맞는다. 특히 카를 포퍼Karl Popper는 20세기 후

반기에 과학자들의 호감을 얻었다.[2] 그는 과학 이론이 원칙적으로 반증될 수 있어야 한다고 말했는데 전적으로 옳은 지적이다. 어떤 이론이 어떤 상황에도 끼워 맞출 수 있을 만큼 유연하다면, 또는 옹호자들이 너무나 잘 둘러대는 듯하다면 그것은 진정한 과학이 아니다. 환생이 한 예다. 생물학자 피터 메더워Peter Medawar는 잘 알려진 저서에서 이런 이유로 프로이트 정신분석을 좀 격하게 꾸짖었다. 그는 이렇게까지 신랄하게 말했다.

전체적으로 보면, 정신분석은 그렇지 않을 것이다. 게다가 공룡이나 체펠린 비행선처럼 그것도 마지막 제품이다. 그 폐허에서는 더 나은 어떤 이론도 세워질 수 없을 것이다. 20세기 사상사의 모든 이정표 중에서 가장 슬프면서 가장 기이한 것으로 영구히 남게 될 것이다.[3]

그렇긴 해도 포퍼의 교리는 두 가지 약점을 지닌다. 첫째, 해석이 맥락에 의존한다는 것이다. 예를 들어 19세기 말에 빛의 속도(실험실에 있는 시계로 잰)가 실험실이 아무리 빨리 움직이든 간에 똑같다는, 그리고 지구가 움직이고 있음에도 1년 내내 똑같다는 것을 보여준 마이클슨-몰리 실험을 생각해보라. 광속이 불변이라는 이 현상은 나중에 아인슈타인 이론의 자연적인 결과임이 드러났다. 그런데 17세기에 그 실험을 했다면, 그 결과는 지구가 움직이지 않는다는 증거로 받아들여졌을 것이다. 그리고 코페르니쿠스의 개념을 논박하는 증거라고 주장됐을 것이다. 둘째, 많은 지지를 받는 이론을 포기하기 전에 반대 증거가 얼마나 압도적인지를 결정할 때 판정이 필요하다는 것이다. DNA 구조의 공동 발견자인 프랜시스 크릭Francis Crick은 어떤 이론이 모든 사실에 들어맞는다면 안 좋은 소식이라고 말했다고 한다. 일부 '사실'이 잘못된 것일 가능성이 있기 때문이라는 것이다.

포퍼 다음으로 인기를 얻은 철학자는 미국의 토머스 쿤Thomas Kuhn이다.[4] 그는 정상 과학이 패러다임의 전환으로 끝난다는 개념을 내놓았다. 지구 중심의 우주라는 개념을 뒤엎은 코페르니쿠스 혁명이 패러다임 전환의 대표적인 사례다. 원자가 양자 효과에 지배된다는 깨달음도 그렇다. 양자 효과는 지극히 반직관적이며 여전히 수수께끼 같은 현상이다. 그러나 비록 쿤 자신은 그렇지 않았을지 몰라도, 쿤의 많은 제자가 패러다임이라는 용어를 너무 자유분방하게 썼다. 한 예로 그들은 아인슈타인이 뉴턴을 대체했다는 주장을 으레 하는데, 그가 뉴턴을 초월했다고 말하는 편이 더 공정하다. 아인슈타인의 이론은 더 폭넓게 적용됐고, 힘이 아주 강하거나 속도가 아주 빠른 맥락에서 중력·공간·시간을 훨씬 더 깊이 이해하게 해줬다. 이론이 조금씩 수정되고 더 일반성을 지닌 새로운 이론에 흡수되는 것이야말로 대부분의 과학에서 나타나는 일반적인 패턴이다.[5]

과학은 서로 다른 유형의 전문성과 양식을 요구한다. 과학적 연구는 사변적인 이론가가 추구할 수도 있고, 고독한 실험가, 야외에서 자료를 모은 생태학자, 거대한 입자가속기나 대규모 우주 계획에서 일하는 거의 산업체 수준의 연구진이 추구할 수도 있다. 가장 일반적인 형태의 과학 연구는 소규모 연구진의 협력과 토론을 수반한다. 어떤 이들은 한 분야를 여는 선구적인 논문을 쓰고자 열망한다. 또 어떤 이들은 그 분야를 잘 이해한 뒤에 그 주제를 정리하고 체계화한 결정판 논문을 쓰는 일에서 더 만족을 느낀다.

사실 과학은 스포츠만큼이나 종목이 다양하다. 다만, 스포츠에 관한 일반적인 저술은 인간의 경쟁심을 찬미하는 등의 공허한 일반화를 넘어서기가 쉽지 않다. 특정한 스포츠의 독특한 특징들에 관해 쓰는 것이 더 관심을 불러일으킬 수 있으며, 매우 흥분을 자아낸 경기의 특성과 주요 선수의 성격을 서술하는 편이 훨씬 더 흥미진진하다. 과학도 마찬가지다. 각각의 개별 과학은 나름의 방법과 관습을 지닌다. 그리고 가장 우리의 흥미를 끄는 것은 개별 발견이나 깨달음의 매력이다.

과학이 점진적으로 발전하기 위해서는 새로운 기술과 새로운 장치가 필요하다. 물론 이론과 통찰의 공생 속에서다. 탁자 위에 놓을 만한 장치도 있지만, 반대편 극단에는 제네바 CERN의 대형 강입자 가속기가 있다. 지름이 9킬로미터인 이 장치는 현재 세계에서 가장 정교한 과학 장비다. 2009년에 이 장치가 완공됐을 때 열광적인 환영을 받으면서 대중의 관심을 끌었다. 그런 한편으로, 아원자물리학이라는 난해해 보이는 과학을 위해 그런 엄청난 투자를 하는 이유가 무엇인지를 놓고 의문이 제기되기도 했다. 그런 질문이 나오는 것도 이해가 간다. 그러나 이 과학 분야의 특별한 점은 여러 나라의 전공자들이 거의 20년에 걸쳐서 자기 자원의 대부분을 유럽이 주도하는 하나의 거대한 장치를 건설하고 운영하는 데 투자하기로 했다는 것이다. 참여한 국가의 연간 기여분은 예컨대 영국의 경우 자국 과학 총예산의 약 2퍼센트에 불과하므로, 그렇게 도전적이고 근본적인 분야에 지나치게 많이 배분되는 것 같지는 않다. 자연의 가장 근본적인 수수께끼 중 일부를 탐사하는, 그리고 기술을 한계까지 밀어붙이는 하나의 계획에 이렇게 세계가 협력한다는 것은 분명히 우리 문명이 자긍심을 가질 만한 일이다. 마찬가지로 여러 천문학 시설도 다국적 협력단이 운영하며, 진정으로 세계적인 계획도 있다. 예를 들어 칠레의 알마Atacama Large Millimeter/Submillimeter Array, ALMA 전파망원경은 유럽, 미국, 일본이 참여하여 건설했다.

연구에 뛰어드는 사람들은 자신의 성격, 능력, 취향에 적합한 주제를 골라야 한다. 쉽게 말해 이런 것이다. 야외 연구를 선호하는가? 컴퓨터 모델링을 활용할 것인가? 고도로 정밀한 실험을 원하는가? 엄청난 데이터 집합을 처리하는가? 젊은 연구자라면 기성세대의 경험을 하찮게 여길 수 있도록 빨리 발전하는 분야로 들어가는 편이 매우 흡족할 것으로 예상할 수 있다. 새로운 기술, 더 강력한 컴퓨터, 더 큰 데이터 집합을 접하는 분야 말이다. 그리고 한 가지가 더 있다. 가장 중요하거나 가장 근본적인 문제로 곧장 달려드는 태도는 현명하지 못하다는 것이다. 문제의 중요성에 자신이 그 문제를 해결할 확률을 곱해서, 그 결과가 최대가 되도록 해야 한다. 예를 들어 포부가 넘치는 과학자들이라면, 우주론과 양자론을 통일시키겠다고 우르르 몰려가서는 안 된다. 설령 그것이 우리가 도달하기를 열망하는 지적 봉우리 중 하나이더라도 그렇다. 또 암 연구와 뇌과학 분야의 원대한 도전 과제들은 정면으로 달려들어서가 아니라 조금씩 갉아내는 방식으로 공략할 필요가 있다는 점도 깨달아야 한다. 앞서도 말했듯이, 생명의 기원에 대한 연구도 원래 이 범주에 속했지만 지금은 최근까지 없었던 방식으로 적절히 규명되어가고 있다.

경력의 중반에 새로운 과학 분야로 전환하는 이들은 어떨까? 진입하려는 분야에 새로운 통찰과 새로운 관점을 도입할 수 있다는 것은 장점이다. 사실 기존 학문들 사이의 경계에 걸쳐 있는 분야가 가장 활기 넘치곤 하니까. 하지만 과학자들이 나이를 먹는 만큼 발전하는 것은 아니라는 점도 상식이다. 그들은 '소진'된다. 물리학자 볼프강 파울리Wolfgang Pauli는 30세가 넘은 과학자를 혹평하는 유명한 말을 남겼다. "아직 이렇게 젊은데도, 이미 이렇게 무명이라니요." 다만 나는 늙어가는 과학자의 입장에서 덜 숙명론에 빠지겠다는 것이 그저 소망으로 그치지 않기를 바란다.

우리 같은 과학자에게는 세 가지 경로가 있는 듯하다. 첫 번째이자 가장 흔한 경로는 연구에 집중하는 태도가 점점 약해진다는 것이다. 때로는 다른 방향으로 노력을 쏟음으로써 보상하기도 하고, 때로는 그냥 시들해지다가 활동을 멈추기도 한다.

두 번째 경로는 몇몇 위대한 과학자가 취하는 쪽인데, 현명하지 못하게 과신하면서 다른 분야들로 손을 뻗는 것이다. 이 경로로 가는 이들은 자기 생각에는 여전히 '과학을 하고' 있다고 여긴다. 그들은 세계와 우주를 이해하고 싶어 하지만, 기존의 조금씩 갉아대는 방식의 연구에는 더는 만족하지 못한다. 그들은 무리를 하며, 종종 찬미자들을 당혹스럽게 만들 정도다. 저명하고 나이 든 과학자는 비판을 받지 않는 경향이 있기 때문에 이 증상은 더 악화되곤 한다. 비록 비판으로부터의 격리가 지금은 점점 드물어진다는 것, 적어도 서양에서는 그렇다는 것이 덜 계층적인 사회의 많은 혜택 중 하나이긴 하지만 말이다. 게다가 과학이 점점 더 공동 협력하는 특성을 띠고 있으므로 격리는 점점 줄어들 것이다.

그리고 세 번째 경로가 있다. 가장 탄복할 만한 길이다. 젊은이가 나이든 자신보다 더 쉽게 받아들일 수 있는 새로운 기법들이 있을 수 있고, 더욱 높은 곳으로 올라가기보다는 기껏해야 지금 수준을 계속 유지하기를 바라는 것이 최선일 수 있음을 받아들이는 것이다. 그러면서 자신이 잘하는 일을 계속하는 것이다. 늦게야 꽃을 피우는 예외적인 인물도 있다. 그러나 많은 작곡가에게는 말년에 쓴 것이 가장 위대한 작품일 때가 많지만, 과학자에게서는 그런 사례가 거의 없다. 나는 그 이유가 작곡가는 비록 젊을 때 당시 유행하는 문화와 양식에 영향을 받았을지라도, 그 뒤에 오로지 내면의 발전을 통해 더 나아지고 깊어질 수 있기 때문이라고 본다. 반면에 과학자는 최전선에 계속 머물러 있고자 한다면, 새로운 개념과 새로운 기법을 계속 흡수해야 한다. 그런데 그 일은 나이를 먹을수록 더 힘들어진다.

많은 과학 분야, 특히 천문학과 우주론은 10년마다 발전을 거듭하기에, 전공자들은 자기 생애에 발전의 궤적을 지켜볼 수 있다. 양자론을 정립함으로써 1920년대에 그 경이로운 혁명을 이끌었던 폴 디랙은 그때가 "이류가 일류 연구를 하던 시절"이라고 했다. 우리 세대의 천문학자들에게는 다행스럽게도, 최근 수십 년 동안 우리 분야가 바로 그랬다.

최고의 신생 기업처럼 최고의 연구실 역시 독창적인 착상과 젊은 재능을 꽃피울 최고의 산실이 되어야 한다. 그러나 기존 대학과 연구소의 이런 역할을 방해하는 은밀한 인구통계학적 추세가 하나 있다. 50년 전에는 고등교육의 확대에 힘입어 과학 분야가 기하급수적으로 성장했고, 젊은이의 수가 노인의 수보다 많았다. 게다가 60대 중반이면 은퇴하는 것이 정상이었고, 대개 퇴직을 강요당했다. 그런데 적어도 서양을 보면, 학계는 이제 그다지 팽창하지 않고 있으며 많은 영역에서 포화 상태에 이르렀다. 어느 나이가 되면 퇴직을 강요하는 일도 없어졌다. 이전의 수십 년 동안에는 30대 초에 연구진을 이끌겠다는 포부를 품는 것이 당연했다. 그러나 현재 미국의 생명의학계에서는 40대 이전에 첫 연구비를 따내는 것이 드문 일이 되었다. 이는 아주 안 좋은 조짐이다.

과학은 무언가 다른 직업을 갖는다는 것을 아예 상상조차 하지 못하는 괴짜들을 계속 끌어들일 것이다. 그리고 연구실에는 연구비 신청서를 작성하는 데 만족하는 연구원들도 있을 수 있다. 연구비 지원을 받기란 대개 쉽지 않지만. 그러나 과학자라는 직종은 다재다능하면서 30대까지 무언가를 성취하겠다는 포부를 지닌 이들도 끌어들여야 한다. 그럴 가능성이 없다고 느끼면, 그런 이들은 학계를 외면할 것이고 신생 기업을 차리는 쪽으로 뛰어들지도 모른다. 물론 그쪽이 공익에 더 기여하고 더 큰 만족감을 안겨줄 수 있으므로 그쪽으로 뛰어드는 이들도 많아야 한다. 하지만 장기적으로 볼 때 그런 이들 중 일부가 기초과학이라는 최전선에 뛰어들어야 한다.

정보기술과 컴퓨터의 발전은, 거슬러 올라가면 선도적인 대학교들에서 이뤄진 기초 연구에서 시작됐다. 거의 한 세기 전에 이뤄진 발견들에서 비롯된 것들도 있다. 그리고 의학 연구에서 마주치는 걸림돌들은 기본적인 사항들이 불확실하다는 데에서 비롯된다. 예를 들어, 알츠하이머 치료제들이 임상 시험을 통과하지 못하는 것은 뇌가 어떻게 작동하는지 우리가 아직 제대로 알지 못하기 때문이다. 이는 기초과학에 다시금 노력을 집중해야 한다는 것을 시사한다. 그런 실패 때문에 제약회사 화이자Pfizer는 신경 약물의 개발 계획을 접었다.

그런 한편, 정보기술이 제공하는 연결에 힘입어서 부와 여가가 증가했다. 이에 따라 전 세계의 고등교육을 받은 아마추어와 시민 과학자 수백만 명은 전보다 더 자신의 관심사를 추구할 기회를 얻게 됐다. 이런 추세 덕분에 선도적인 연구자들은 기존 학계나 정부 연구실 바깥에서 첨단 연구를 할 수 있을 것이다. 그런 선택을 하는 이들이 아주 많아진다면, 대학교의 우위가 약해지고 독립 과학자의 중요성이 20세기 이전에 그랬던 수준까지 올라갈 것이다. 그리고 아마 진정으로 독창적인 생각이 더욱 만발하게 될 것이다.

# 공동체 속의 과학

이 책의 한 가지 주된 주제는 우리 미래가 주요 사회적 도전 과제들 앞에서 얼마나 현명한 선택을 하느냐에 달려 있다는 것이다. 에너지, 건강, 식량, 로봇, 환경, 우주 등의 과제들이다. 그런 선택을 하는 데에는 과학이 필요하지만, 주요 결정을 그저 과학자들이 내려서는 안 된다. 그런 결정은 우리 모두에게 중요하며 더 폭넓은 공개 논의를 통해 도출되어야 한다. 그러려면 우리 모두가 과학의 핵심 개념들에 대해 충분히 감을 잡고 있어야 하며 장애물이나 확률, 위험을 평가할 수 있도록 수학적 능력을 갖춰야 한다. 전문가들에게 미혹되거나 대중 선동을 하는 이들에게 속아 넘어가지 않기 위해서다.

참여민주주의를 열망하는 이들은 일반 유권자들이 관련 현안을 제대로 이해하지 못한다고 한탄하곤 한다. 그러나 무지는 과학에만 있는 것이 아니다. 시민들이 자국의 역사를 모르고, 제2 외국어를 말하지 못하고, 북한이나 시리아가 어디 있는지 지도에서 찾지 못하는 것도 마찬가지로 안타까운 일이다. 그리고 실제로 많은 이들이 거기에 해당한다. 예컨대 미국인의 3분의 1이 지도에서 영국이 어디에 있는지 찾지 못한다는 설문 조사 결과도 있다. 이는 우리 교육 제도와 문화 전반의 문제다. 그러니 과학자들이 한탄할 특별한 이유가 따로 있는 것은 아니다. 사실 나는 우리의 일상생활과 거의 무관한 공룡이나 토성의 달, 힉스 보손**Higgs boson**(입자물리학 표준 모형의 기본 입자 가운데 하나로 2012년에 실재한다는 사실이 입증됐다. 우주를 설명하는 데 중요하다-옮긴이) 등에 관심을 가진 사람들이 아주 많고 이런 주제들이 대중 매체에 자주 등장하는 것을 보면 기쁘면서도 놀랍다. 실용성과 무관하게, 이런 개념들은 우리 공통 문화의 일부가 되어야 한다.

그뿐 아니라 과학은 진정으로 세계적인 문화다. 양성자, 단백질, 피타고라스 정리는 중국에서 칠레에 이르기까지 세계 어디에서나 동일하다. 과학은 국가의 모든 장벽을 초월해야 한다. 그리고 모든 종교 사이에 걸쳐 있어야 한다. 생물권, 기후를 관장하는 원리들, 자연환경을 이해하지 못하는 것은 명백한 지적 결핍이다. 그리고 우주를 그 자체로 이해하게 해줄 다윈주의와 현대 우주론이 제공하는 경이로운 전망, 즉 빅뱅부터 별, 행성, 생물권, 인간의 뇌에 이르는 창발적 복잡성의 사슬을 모르는 것도 마찬가지다. 이런 법칙 또는 패턴은 과학의 위대한 업적이다. 그것들을 발견하기 위해서는 헌신적인 재능의 소유자, 더 나아가 천재가 필요했다. 그리고 위대한 발명 역시 뛰어난 재능을 요구한다. 그러나 핵심 개념을 이해하는 것 자체는 그리 어렵지 않다. 우리 대다수는 작곡을 하거나 연주를 할 수 없더라도 음악을 이해한다. 과학의 핵심 개념들도 거의 누구나 이해하고 즐길 수 있다. 비전문 용어와 단순한 이미지를 써서 전달하면 된다. 전문적인 내용은 몹시 어려울지 모르지만, 그런 내용은 전문가들에게 맡기면 된다.

기술의 발전 덕분에 대부분 사람은 이전 세대들보다 더 안전하게, 더 오래, 더 흡족한 삶을 누릴 수 있게 됐고 이 추세는 앞으로도 지속될 것으로 예상된다. 반면 환경 파괴, 통제되지 않는 기후 변화, 고도 기술의 뜻하지 않은 부작용 역시 발전의 산물이다. 앞서도 강조했듯이 인구가 더 많아진 세계는 에너지와 자원을 더 많이 요구하며, 기술을 통해 더 강한 힘을 지닐수록 우리 사회에 심각한 문제를 촉발할 수 있다.

대중은 여전히 두 종류의 위협을 부정한다. 하나는 우리가 집단적으로 생물권에 입히고 있는 피해이고, 다른 하나는 개인이나 소집단이 일으키는 오류나 테러에 상호 연결된 이 세계가 점점 더 취약해짐으로써 빚어지는 위협이다. 게다가 이 세계의 새로운 특징은 파국의 여파가 전 세계로 퍼지게 된다는 것이다. 재러드 다이아몬드Jared Diamond는《문명의 붕괴》[6]에서 5개의 사회가 왜, 그리고 어떻게 파국을 맞이했는지를 기술하면서 몇몇 현대 사회에서 나타나는 징후와 대비했다. 그런 사건들은 세계적인 것이 아니었다. 예를 들어, 유럽의 흑사병은 호주에 도달하지 않았다. 하지만 우리의 연결된 세계에서는 경제적 붕괴, 범유행병, 세계 식량 공급의 붕괴가 빚어낼 결과로부터 숨을 곳이 전혀 없다. 게다가 또 다른 유형의 세계적인 위협들도 있다. 예를 들어, 핵무기를 주고받을 때 일어날 강렬한 불길은 장기적인 핵겨울을 초래할 수 있다. 최악의 시나리오에 따른다면, 기존 작물을 재배하기가 몇 년 동안 불가능해진다. 소행성 충돌이나 초화산 분출이 일어났을 때도 그럴 수 있다.

그런 곤경에 처할 때면 집단 지성이 중요해질 것이다. 스마트폰을 완전히 이해하고 있는 사람은 아무도 없다. 다양한 기술의 종합물이기 때문이다. 만약 우리가 극한 생존 영화에서처럼 '세계의 종말'을 겪고도 살아남는다면, 철기 시대의 기본 기술도 모를뿐더러 농사조차 제대로 짓지 못할 이들이 대부분일 것이다. 그것이 바로 가이아 가설Gaia hypothesis(행성 생태계가 자기 조절 시스템을 가지고 있다는 가설)을 주창한 박식가인 제임스 러브록James Lovelock이 기본 기술을 집대성한 생존 편람을 제작하여 널리 보급하고 안전한 곳에 보관해두자고 촉구하는 이유다. 영국 천문학자 루이스 다트넬Lewis Dartnell은 이 도전 과제를 받아들여 《지식: 맨땅에서 세계를 재건하는 방법The Knowledge: How to Rebuild Our World from Scratch》이라는 탁월한 책을 썼다.[7]

무엇보다 세계적인 위험의 발생 확률을 평가하고 최소화하려는 노력이 더 많이 이뤄져야 한다. 우리는 그런 위협의 그

늘에서 살고 있으며, 인류에게 닥칠 수 있는 위험의 규모가 점점 커지고 있다. 기술의 힘을 업은 독불장군들이 가할 위험도 점점 커지고 있다. 이런 현안들은 우리에게 국제적으로 계획하라고 촉구한다. 예를 들어, 범유행병이 세계로 퍼질지 어떨지는 베트남에서 닭을 키우는 한 농민이 닭이 시름시름 앓는 것을 보고 당국에 얼마나 빨리 알리느냐에 달려 있을 수도 있다. 문제는 이 도전 과제들 중 상당수가 대다수 정치가가 염두에 두는 '탈 없이 지낼 기간comfort zone'을 훨씬 넘어서는, 수십 년에 걸친 기간을 상정한다는 점이다. 위험한 기후 변화를 피하면서 세계의 에너지 수요를 충족시킬 방법을 계획하고, 환경의 지속 가능성을 위협하지 않으면서 90억 명의 식량 안보를 확립하는 것 등이 그렇다. 이 점은 장기 계획을 짜고 지구 차원에서 계획을 세우는 것을 어렵게 하는 제도적 요인이다.

나는 미래의 기술이 잘못 적용된다면 심각한 피해를, 최악의 경우 파국까지 불러올 수 있다는 점을 결코 부정하지는 않는다. 어떤 위험이 확실하고 어떤 위험이 과학소설로 치부될 수 있는지를 평가하고, 전자에 예방 조치를 취하는 데 집중하려면 최고의 전문가들에게 도움을 받는 것이 중요하다.

그런데 어떻게 하면 그렇게 할 수 있을까? 어느 한 기관이 돈줄을 다 쥐고 있지 않는 한, 발전 속도를 통제한다는 것은 실현 불가능하다. 위험을 초래할 발전을 완전히 단념시키는 것도 마찬가지다. 게다가 기업, 기부자, 정부의 돈이 뒤섞여 있는 지구촌 세계에서 이 방법은 전혀 현실적이지 않다. 그러나 설령 규제가 100퍼센트에 가까운 효과를 일으킬 수 없다고 할지라도, 한 번 '살짝 밀기'에 불과한 효과만을 일으킬 수 있다고 할지라도 과학계에서 책임을 수반한 혁신이 이뤄질 수 있도록 모든 조치를 하는 것이 중요하다. 특히 각 혁신들이 성숙하는 순서를 조정하는 것이 대단히 중요하다. 예를 들어 초강력 인공지능이 나쁜 길로 빠지면, 다른 발전들을 통제하기에는 이미 늦을 것이다. 반면에 고도로 발전했으면서 확고히 인간의 통제하에 있는 인공지능은 생명공학이나 나노 기술이 끼칠 위험을 줄이는 데 기여할 수 있다.

국가는 국제원자력기구, 세계보건기구 등의 뒤를 잇는 새로운 세계적 기관들에 더 많은 권한을 양도할 필요가 있을 것이다. 이미 항공 여행, 무선 주파수 할당 등을 규제하는 국제기구들이 있다. 그리고 파리 기후 변화 협약을 이행하기 위한 후속 협약 같은 규약들도 있다. 에너지 생산 계획 수립, 수자원 공유, 인공지능과 우주기술의 책임 있는 이용을 위해서는 그런 기구들이 더 필요할 수도 있다. 현재 국가 간의 경계는 허물어지고 있으며, 구글과 페이스북 같은 준독점 기업들이 거기에 적잖은 기여를 하고 있다. 새로운 국제기구는 각국 정부에 대한 책임도 준수해야 하겠지만, 소셜 미디어를 활용하고 대중을 참여시킬 필요가 있다. 소셜 미디어는 아주 많은 사람들을 계몽과 홍보에 끌어들일 수 있지만, 참여의 진입장벽이 아주 낮기 때문에 대개 예전의 대중운동 참여자들에게서 볼 수 있었던 수준의 헌신은 부족하다. 게다가 소셜 미디어는 이의를 제기하고 불만을 가진 소수의 견해를 증폭시키기 쉬우며, 그 점은 관리를 더 어렵게 한다.

그러나 국민국가가 세계를 계속 통치할 수 있을까? 현재 두 가지 추세가 개인 간 신뢰를 줄이고 있다. 첫째는 우리가 일상적으로 처리해야 하는 일들이 원격으로 그리고 세계적으로 이뤄지고 있다는 점이다. 둘째는 현대 생활이 교란에 더 취약해졌다는 점이다. 해커 또는 불만을 지닌 자가 세계적인 연쇄효과를 일으킬 사건을 촉발할 가능성이 현실이 되고 있다. 그런 추세는 새로운 안보 조치들을 요구한다. 이런 조치들은 이미 우리의 일상생활에 불편을 주고 있지만 점점 더 성가셔질 가능성이 크다. 가까운 예로 경비원, 까다로운 비밀번호, 공항 검색 등을 들 수 있다. 공개 접근과 보안을 결합한 공개 분산 원장인 블록체인 같은 혁신은 인터넷 전체를 더 안전하게 할 규약을 제공할 수도 있다. 그러나 그것의 현재 응용 사례는 유익하기보다 오히려 해를 끼치는 듯하다. 우리가 서로를 신뢰할 수 있다고 느낀다면 경제 활동이나 산물 중에서 얼마나 많은 부분이 불필요해질까.

국가 간 부와 복지 수준의 차이는 줄어들 기미가 거의 보이지 않는다. 그 격차가 지속된다면 혼란의 위험이 점점 커질 것이다. 불우한 이들이 자신이 처한 곤경이 부당하다는 사실을 의식하게 될 것이기 때문이다. 여행이 더 쉬워지므로, 강화되는 이주 압력을 해소하려면 더욱 적극적인 조치가 필요할 것이다. 예를 들어 전통적인 방식으로 원조 자금을 직접 전달하는 것과 별개로, 인터넷과 그 후속 수단들을 활용하면 전 세계 어디에서든 서비스를 제공하고 교육과 보건 혜택을 더 폭넓게 보급할 수 있을 것이다. 더 가난한 나라의 삶의 질과 직업

기회를 개선하며, 불행을 최소화하고 세계를 나아지게 하는 방향으로 대규모 투자를 하는 것은 부유한 국가의 이익에도 부합한다.

# 희망과 두려움의 공유

모든 과학자는 시민으로서의 책임 외에 특별한 의무도 지닌다. 과학 연구 자체에 맞서야 한다는 윤리적 의무다. 아무리 미미하다고 해도 파국을 가져올 위험이 있다면 그 실험은 피해야 하고, 동물이나 사람을 대상으로 할 때는 윤리 규범을 준수해야 한다는 것이다. 연구의 여파가 연구실 너머로 마구 뻗어나가서 모든 시민의 걱정을 불러일으켜 사회적 · 정치적 · 윤리적 충격을 가져오는 상황이 되면 대처하기가 더 어려워진다.

성인이 된 자녀들이 어떻게 살아가는지 무심하다면 당신은 나쁜 부모일 것이다. 설령 그들의 삶에 거의 영향을 미칠 수 없을지라도 말이다. 마찬가지로 과학자들은 자신의 착상으로

맺은 열매, 자신의 창작물에 무심해서는 안 된다. 상업적으로든 그 밖의 방식으로든, 유익한 파급효과를 가져오도록 애써야 한다. 자신의 연구가 수상쩍거나 위협적인 방향으로 응용되는 것을 최대한 저지해야 하며, 그런 일이 일어날 때면 정치가에게 경고해야 한다. 자신의 발견이 윤리적으로 민감한 반응을 불러일으킨다면 대중과 연계해야 하며, 그런 한편으로 자신이 전공 분야 바깥에서는 아무런 권위도 없음을 깨달아야 한다.

과거의 모범 사례를 강조할 수도 있다. 예를 들어, 제2차 세계대전 때 최초의 핵무기를 개발한 원자과학자들이 있다. 역사에서 중요한 역할을 맡을 운명에 처했던 이들이다. 그들 중 상당수, 즉 조지프 로트블랫Joseph Rotblat, 한스 베테Hans Bethe, 루돌프 파이얼스Rudolf Peierls, 존 심프슨John Simpson 같은 이들은 전쟁이 끝난 뒤 안도하면서 평화로운 학술 연구로 돌아갔다. 그러나 그들에게 상아탑은 격리된 성소가 아니었다. 그들은 학자로서뿐 아니라 참여하는 시민으로서 계속 활동했다. 학술원, 퍼그워시Pugwash 운동(과학자들이 핵전쟁의 위협을 줄이고자 애쓴 평화운동-옮긴이), 공개 토론회를 통해서 자신들이 풀어놓았던 그 고삐를 다시 묶어두기 위해 노력했다. 그들은 당대의 연금술사, 특별한 비밀 지식의 소유자였다.

앞 장들에서 내가 논의한 기술들은 핵무기만큼 엄청난 의미를 지니고 있다. 그러나 원자과학자들과 정반대로, 과학의 거의 모든 영역에 걸쳐 있는 이런 새로운 도전 과제들에 관여하는 이들은 전 세계에 흩어져 있다. 그리고 학계와 정부뿐 아니라 상업 부문에서 일하는 이들이 섞여 있다. 그들의 발견과 우려 역시 계획과 정책에 활용되어야 한다. 그렇다면 어떻게 하는 것이 최선일까?

정치가나 고위 공무원과 직접 친분을 쌓는 것도 도움이 될 수 있다. NGO나 민간 부문과 연계하는 것도 도움이 될 것이다. 그러나 정부 자문가로 일해본 전문가들은 종종 자신이 정책에 거의 영향을 미치지 못한다는 사실에 좌절하곤 한다. 정치가들은 쌓이는 우편물, 그리고 언론에 영향을 받는다. 과학자들은 대중서, 운동 단체, 블로그, 언론 또는 정치 활동을 통해서 자신의 메시지를 전파하는 아웃사이더이자 활동가로 나설 수도 있다. 이들의 목소리가 더 폭넓은 대중을 통해 그리고 각종 매체를 통해 증폭되고 울려 퍼진다면, 장기적인 지구 문제들이 정치적 현안으로 부상할 것이다.

예를 들어, 레이철 카슨Rachel Carson과 칼 세이건은 '걱정하는 과학자'의 대표적인 인물이다. 이들은 저술과 강연을 통해서 엄청난 영향을 미쳤다. 게다가 당시는 소셜 미디어와 트윗이 등장하기 전이었다. 세이건이 지금 살아 있다면 과학을 위한 행군의 지도자가 됐을 것이다. 열정과 유창한 말솜씨로 군중에게 열기를 불어넣음으로써 말이다.

학계에 있는 이들이나 자영업자는 한 가지 특수한 의무를 지닌다. 그들은 정부 기관이나 기업체에 종사하는 이들보다 공개 논쟁에 더 자유롭게 참여할 수 있다. 더욱이 학계는 학생들에게 영향을 미칠 특수한 기회를 가지고 있다. 놀랍지도 않지만, 여론 조사 결과는 금세기 내내 살아갈 것으로 기대되는 젊은이들이 장기적이고 세계적인 현안들에 관심을 갖고 참여하는 성향이 더 강하다고 말한다. 예를 들어, 요즘에는 효율적 이타주의effective altruism 운동에 참여하는 학생들이 늘고 있다. 윌리엄 맥어스킬William MacAskill의 책《냉정한 이타주의자》[8]는 강력한 선언을 한다. 명확히 표적을 정해서 개발도상국이나 빈곤국에 기존 자원을 시급히 재분배함으로써 사람들의 삶을 의미 있게 개선하자는 것이다. 여기에 부유한 재단들도 기여하고 있는데, 빌앤멜린다게이츠재단이 대표적이다. 이 재단은 특히 아동 건강 쪽에 엄청난 영향을 미쳐왔다. 그러나 이런 활동들은 정부가 시민들로부터 압력을 받을 때 끼칠 수 있는 영향에는 비할 바가 못 된다.

종교의 역할은 앞서도 조명했다. 종교는 장기적으로 생각하고 지구 공동체, 특히 세계의 가난한 사람들을 걱정하는 초국가적 공동체다. 세속 단체의 선도적인 사례인 캘리포니아의 롱나우재단Long Now Foundation은 현재 만연한 단기성과주의와 정반대되는 상징물을 만들고자 한다. 네바다주의 깊은 지하동굴에 거대한 시계를 설치할 계획이다. 시계는 1만 년 동안 아주 느리게 째깍거리면서, 그 기나긴 세월 동안 매일 다른 종소리를 울리도록 프로그래밍되어 있다. 금세기에 그곳을 방문하는 이들은 대성당보다 오래 존속하도록 만들어진 기념물을 보며 생각에 잠기고, 앞으로 100세기 동안 그 시계가 진정으로 째깍거리기를 열망할 것이다. 그리고 우리 후손들이 여전히 그곳을 방문하기를 바랄 것이다.

우리는 현재 낯설면서 파국을 가져올 수도 있는 위험의 그

늘에서 살고 있다. 그런 한편, 과학적으로 볼 때 서양에 있는 사람들의 생활양식보다 더 나은 생활양식을 모두가 누리는, 지속 가능하면서 안전한 세계를 만드는 것을 가로막는 장애물은 전혀 없어 보인다. 우리는 기술낙관론자가 될 수 있다. 물론 기술 분야에서 노력의 균형을 재조정할 필요는 있다. 위험은 특히 생명공학, 고도의 인공지능, 지구공학 같은 분야에서 책임을 수반한 혁신의 문화를 함양함으로써 그리고 세계적으로 기술 발전 노력의 우선순위를 재조정함으로써 최소화할 수 있다. 우리는 과학과 기술에 긍정적인 태도를 유지해야 한다. 발전에 제동을 걸지 말아야 한다. 예방 원칙을 교조적으로 적용하는 것은 한 가지 명백한 문제점을 안고 있다. 세계적인 위협에 대처하려면 기술이 더 필요한데 그 기술 발전을 가로막게 된다는 것이다. 당연한 얘기지만, 그 기술은 사회과학과 윤리학의 인도를 받아야 한다.

해결하기 어려운 지정학적·사회학적 문제들, 그리고 가능한 것과 실제로 일어나는 것의 격차는 비관론을 부추긴다. 환경 파괴, 통제할 수 없는 기후 변화, 고도 기술의 뜻하지 않은 결과 등 내가 기술한 시나리오들은 사회에 심각한, 더 나아가 파국적인 불행을 촉발할 수 있다. 그런 위험들은 국제적으로 대처해야 한다. 여기에 장기적·세계적으로 계획을 세우지 못하게 막는 제도적인 요인이 하나 더 있다. 우선 정치가의 시선은 자신의 유권자들, 그리고 다음 선거를 향한다. 그리고 주주들은 단기적인 보상을 기대한다. 우리는 지금 이 순간에도 먼 나라에서 일어나는 일이라면 강 건너 불 구경하듯 하는 경향이 있다. 같은 맥락에서, 태어나지 않은 후손들에게 떠안길 문제들도 아주 대수롭지 않게 여긴다. 더 큰 그림을 보지 못한다면, 즉 우리 모두가 이 혼잡한 세계에서 함께 살아간다는 것을 깨닫지 못한다면 정부는 정치적 관점에서 장기적인 과제들에 제대로 우선순위를 부여하지 않을 것이다. 설령 그 정치적 관점이라는 것이 지구 역사로 보면 한순간에 불과한 것이라고 해도 그렇다.

'우주선 지구'는 진공 속을 돌진하고 있다. 승객들은 불안하고 초조하다. 그들의 생명 유지 장치는 교란과 고장에 취약하다. 하지만 현재는 장기적인 위험에 관한 대책도, 현안 탐색도, 자각도 거의 찾아볼 수 없다. 우리가 미래의 세대들에게 고갈되고 위험한 세계를 물려준다면 너무나 부끄럽지 않겠는가.

나는 이 책을 H. G. 웰스의 글을 인용함으로써 시작했다. 이제 지난 세기 후반 과학계의 현인이었던 피터 메더워의 말을 회상하면서 끝내고자 한다.

인류-아무튼 그들 중 대부분-를 위해 울리는 종은 알프스 소의 목에 달린 종을 닮았다. 그 종은 우리의 목에 걸려 있으며, 종소리가 경쾌하고 조화롭지 못하다면 틀림없이 우리 탓이다.[9]

이제 생명의 운명에 낙관적인 견해를 취할 때다. 이 세계에 있는 우리만이 아니라 훨씬 먼 어딘가에 있을 생명을 위해 세계적으로, 합리적으로, 장기적으로 생각할 필요가 있다. 21세기 기술을 토대로 삼고, 과학이 홀로는 제공할 수 없는 가치들을 안내자로 삼아서 넓게 멀리 내다보자.

# 주 석

## 1장

1 The Earl of Birkenhead, *The World in 2030 AD* (London: Hodder and Stoughton, 1930).

2 Martin Rees, 《인간생존확률 50:50(Our Final Century)》 (London: Random House, 2003). 미국판 제목: Our Final Hour(Basic Books).

3 H. G. 웰스의 강연 '미래의 발견(The Discovery of the Future)'은 1902년 1월 24일 런던 왕립연구소에서 이뤄졌고, 그 뒤에 같은 제목의 책으로 나왔다.

4 'Resilient Military Systems and the Advanced Cyber Threat', Defense Science Board Report, 2013. 1. 페트레이어스(Petraeus) 장군을 비롯한 미국의 다른 고위 인사들도 비슷한 우려를 표명했다.

5 UN의 〈세계 인구 전망(World Population Prospects)〉 2017년 개정판에서는 2050년 인구의 가장 나은 추정값이 97억 명이라고 나와 있다. 또 다른 권위 있는 기관인 국제응용시스템분석연구소(International Institute for Applied Systems Analysis, IIASA) 인구 계획이 내놓은 추정값은 그보다 좀 적다.

6 세계 식량과 물의 공급에 관한 보고서는 많다. 2013년 왕립학회와 미국 국립

과학원이 공동으로 내놓은 〈지구 미래 모델링(Modelling Earth's Future)〉도 그 중 하나다.

7 'Our Common Future', UN World Commission on Environment and Development, 1987.

8 *Economist*, 2007. 3. 15.

9 '지구 한계(planetary boundaries)'라는 개념은 스톡홀름 복원력 센터(Stockholm Resilience Centre)의 2009년 보고서에 실렸다.

10 E. O. Wilson, *The Creation: An Appeal to Save Life on Earth* (New York: W. W. Norton, 2006).

11 2014년 5월 2~6일에 열린 그 회의의 명칭은 '지속 가능한 인류, 지속 가능한 자연: 우리의 책임(Sustainable Humanity, Sustainable Nature: Our Responsibility)'이었고, 교황청 과학원과 교황청 사회과학원이 공동 후원했다.

12 Alfred Russel Wallace, 《말레이 제도(The Malay Archipelago)》 (London: Harper, 1869).

13 라홀라에 있는 UC 캘리포니아의 C. 케넬(C. Kennel), 영국의 에밀리 슈크버그(Emily Shuckburgh)와 스티븐 브릭스(Stephen Briggs) 등이 이 계획에 참여했다.

14 《회의적 환경주의자》는 2001년 케임브리지 출판사에서 나왔다. 2002년에 설립된 코펜하겐 컨센서스(The Copenhagen Consensus)는 코펜하겐에 있는 환경평가연구소(Environmental Assessment Institute)의 후원을 받는다.

15 The Stern Review Report on the Economics of Climate Change, HM Treasury, UK, 2006.

16 G. Wagner and M. Weitzman, *Climate Shock: The Economic Consequences of a Hotter Planet* (Princeton, NJ: Princeton University Press, 2015).

17 W. Mischel, Y. Shoda, and M. L. Rodriguez, 'Delay of Gratification in Children', *Science* 244 (1989): 933-38.

**18** 'Cuba's 100-Year Plan for Climate Change', *Science* 359 (2018): 144-45.

**19** 영국에서는 세계 일주를 한 항해자 엘렌 맥아더(Ellen MacArthur) 같은 널리 찬사받는 저명인사들의 지지 속에 순환 경제가 점점 활기를 띠고 있다.

**20** 지구공학을 다룬 탁월한 책. Oliver Morton, *The Planet Remade: How Geoengineering Could Change the World* (Princeton: NJ: Princeton University Press, 2016).


## 2장

**1** 로버트 보일 기록관. 특히 이 문서는 펠리시티 헨더슨(Felicity Henderson)이 2010년 〈왕립학회 리포트(Royal Society Report)〉에서 다룬 바 있다.

**2** https://www.telegraph.co.uk/news/uknews/7798201/Robert-Boyles-Wish-list.html.

**3** 이런 발전을 다룬 잘 읽히는 책 두 권이 있다. Jennifer A. Doudna and Samuel S. Sternberg, *A Crack in Creation* (Boston: Houghton Mifflin Harcourt, 2017) (제니퍼 다우드나는 CRISPR/Cas9의 발견자 중 한 명이다). Siddhartha Mukherjee, 《유전자의 내밀한 역사(The Gene: An Intimate History)》 (New York: Scribner, 2016).

**4** 앨버타대학교의 D. 에번스(D. Evans)와 R. 노이스(R. Noyce)가 쓴 이 논문은 〈플로스원(PLOS One)〉에 실렸고, 2018년 1월 19일 자 〈사이언스 뉴스(Science News)〉에서 다뤄졌다. Ryan S. Noyce, Seth Lederman, and David H. Evans, 'Construction of an Infectious Horsepox Virus Vaccine from Chemically Synthesized DNA Fragments', *PLOS One* (2018. 1. 19): https://doi.org/10.1371/journal.pone.0188453.

**5** Chris D. Thomas, *Inheritors of the Earth* (London: Allen Lane, 2017).

6 Steven Pinker, 《우리 본성의 선한 천사(The Better Angels of Our Nature: Why Violence Has Declined)》 (New York: Penguin Books, 2011).

7 Freeman Dyson, 《프리먼 다이슨의 의도된 실수(Dreams of Earth and Sky)》 (New York: Penguin Random House, 2015).

8 이런 발전들을 개괄한 책들. Murray Shanahan, *The Technological Singularity* (Cambridge, MA: MIT Press, 2015). Margaret Boden, *AI: Its Nature and Future* (Oxford: Oxford University Press, 2016). 더 사변적인 관점을 취한 책도 있다. Max Tegmark, 《맥스 테그마크의 라이프 3.0(Life 3.0: Being Human in the Age of Artificial Intelligence)》 (New York: Penguin Random House 2017).

9 David Silver et al., 'Mastering the Game of Go without Human Knowledge', *Nature* 550 (2017): 354–59.

10 https://en.wikipedia.org/wiki/Reported_Road_Casualties_Great_Britain.

11 편지 문구는 MIT 생명의미래연구소(Future of Life Institute)가 정리했다.

12 *Financial Times*, 2018. 1. 6.

13 Ray Kurzweil, 《특이점이 온다(The Singularity Is Near: When Humans Transcend Biology)》 (New York: Viking, 2005).

14 P. Hut and M. Rees, "How Stable Is Our Vacuum?", *Nature* 302 (1983): 508–9.

15 데렉 파핏의 논증은 그의 저서 4부에 실려 있다. Derek Parfit, *Reasons and Persons* (New York: Oxford University Press, 1984).

16 이런 극단적인 위험을 잘 개괄한 책들. Nick Bostrom and Milan Ćirković, eds., *Global Catastrophic Risks* (Oxford: Oxford University Press, 2011). Phil Torres, *Morality, Foresight, and Human Flourishing: An Introduction to Existential Risks* (Durham, NC: Pitchstone, 2017).

**3장**

1  Carl Sagan, 《창백한 푸른 점(Pale Blue Dot: A Vision of a Human Future in Space)》 (New York: Random House, 1994).

2  Alfred Russel Wallace, *Man's Place in the Universe* (London: Chapman and Hall, 1902). 구텐베르크 프로젝트에서 무료로 내려받을 수 있다.

3  Michel Mayor and Didier Queloz, 'A Jupiter-Mass Companion to a Solar-Type Star', *Nature* 378 (1995): 355-59.

4  케플러 우주망원경의 자료는 나사 웹사이트, https://www.nasa.gov/mission_pages/kepler/main/index.html.

5  Michaël Gillon et al., 'Seven Temperate Terrestrial Planets Around the Nearby Ultracool Dwarf Star TRAPPIST-1', *Nature* 542 (2017): 456-60.

6  레이저 가속 방식은 1970년대에 선견지명을 지닌 공학자 로버트 포워드(Robert Forward)가 제시했다. 더 최근에는 P. 루빈(P. Lubin), J. 벤포드(J. Benford) 같은 연구자들이 상세히 연구해왔다. 유리 밀너의 브레이크스루재단이 후원하는 스타샷 계획(Starshot Project)은 웨이퍼 크기의 탐사선을 광속의 20퍼센트까지 가속시킬 수 있을지를 진지하게 연구하고 있다. 그러면 가장 가까운 별까지 20년 내에 갈 수 있을 것이다.

7  이 주제를 잘 소개한 책들. Jim Al-Khalili, ed., *Aliens: The World's Leading Scientists on the Search for Extraterrestrial Life* (New York: Picador, 2017). Nick Lane, *The Vital Question: Why Is Life the Way It Is?* (New York: W. W. Norton, 2015).

8  펄서를 다룬 책은 아주 많은데, 그중 한 권을 꼽으라면 이 책이다. Geoff McNamara, *Clocks in the Sky: The Story of Pulsars* (New York: Springer, 2008).

9 맥동 주기가 짧은 전파원은 집중적으로 연구가 이뤄지고 있으며, 관련 개념도 빠르게 변하고 있다. Wikipedia, https://en.wikipedia.org/wiki/Fast_radio_burst.

## 4장

1 콘웨이 전기. Siobhan Roberts, *Genius at Play: The Curious Mind of John Horton Conway* (New York: Bloomsbury, 2015).

2 Eugene Wigner, *Symmetries and Reflections: Scientific Essays of Eugene P. Wigner* (Bloomington: Indiana University Press, 1967).

3 Paul Dirac, 'Quantised Singularities in the Electromagnetic Field', *Proceedings of the Royal Society A*, 133 (1931): 60.

4 이 발견과 그 맥락을 탁월하게 설명한 책. Govert Schilling, *Ripples in Spacetime* (Cambridge, MA: Belknap Press of Harvard University Press, 2017).

5 Freeman Dyson, 'Time without End: Physics and Biology in an Open Universe', *Reviews of Modern Physics* 51 (1979): 447-60.

6 Martin Rees, 《태초 그 이전(Before the Beginning: Our Universe and Others)》 (New York, Basic Books, 1997).

7 David Deutsch, *The Beginning of Infinity: Explanations That Transform the World* (New York: Viking, 2011).

8 다윈이 1860년 5월 22일에 에이서 그레이에게 쓴 편지. Darwin Correspondence Project, Cambridge University Library.

9 William Paley, *Evidences of Christianity* (1802).

10 이 절은 버나드 카가 편찬한 책에서 마틴 리스가 쓴 《우주론과 멀티버스》를 토대로 했다. Bernard Carr, *Universe or Multiverse* (Cambridge: Cambridge

University Press, 2007).

**11** John Polkinghorne, *Science and Theology* (London: SPCK/Fortress Press, 1995).

## 5장

**1** E. O. Wilson, 《젊은 과학도에게 보내는 편지(Letters to a Young Scientist)》 (New York: Liveright, 2014).

**2** 카를 포퍼의 과학적 방법을 다룬 주요 저서. Karl Popper, 《과학적 발견의 논리(The Logic of Scientific Discovery)》 (London: Routledge, 1959). 원본인 독일어판은 1934년에 나왔다. 그 사이에 포퍼는 정치론에 큰 기여를 하면서 명성을 쌓았다. 《열린 사회와 그 적들(The Open Society and Its Enemies)》.

**3** P. Medawar, *The Hope of Progress* (Garden City, NY: Anchor Press, 1973), 69.

**4** T. S. Kuhn, 《과학 혁명의 구조(The Structure of Scientific Revolutions)》 (Chicago: University of Chicago Press, 1962).

**5** 포퍼, 쿤 등의 견해를 명쾌하게 비평한 읽기 쉬운 책이 있다. 팀 르윈스, 《과학한다, 고로 철학한다(The Meaning of Science)》 (New York: Basic Books, 2016)

**6** Jared Diamond, 《문명의 붕괴(Collapse: How Societies Choose to Fail or Succeed)》 (New York: Penguin, 2005).

**7** Lewis Dartnell, *The Knowledge: How to Rebuild Our World from Scratch* (New York: Penguin, 2015). 이런 책은 교육적이다. 우리 자신이 의지하는 기초적인 기술에 무지한 이들이 너무나 많다는 사실이 너무나 안타깝다.

**8** William MacAskill, 《냉정한 이타주의자(Doing Good Better: Effective Altruism and How You Can Make a Difference)》 (New York: Random House,

2016).

9 *The Future of Man* (1959).

# 온 더 퓨처 기후 변화 · 생명공학 · 인공지능 · 우주 연구는 인류 미래를 어떻게 바꾸는가

ON THE FUTURE: Prospects for Humanity

**초판 발행** | 2019년 6월 18일

**지은이** · 마틴 리스
**옮긴이** · 이한음
**발행인** · 이종원
**발행처** · (주) 도서출판 길벗
**브랜드** · 더퀘스트
**주소** · 서울시 마포구 월드컵로 10길 56 (서교동)
**대표전화** · 02 ) 332–0931 | **팩스** · 02 ) 322–0586
**출판사 등록일** · 1990년 12월 24일
**홈페이지** · www.gilbut.co.kr | **이메일** · gilbut@gilbut.co.kr

**기획 및 편집** · 김세원(gim@gilbut.co.kr) | **디자인** · 강은경
**제작** · 이준호, 손일순, 이진혁 | **영업마케팅** · 정경원, 최명주 | **웹마케팅** · 이정, 김선영
**영업관리** · 김명자 | **독자지원** · 송혜란, 홍혜진

**교정교열** · 공순례 | **CTP 출력 및 인쇄** · 예림인쇄 | **제본** · 예림바인딩

- 더퀘스트는 ㈜도서출판 길벗의 인문교양 · 비즈니스 단행본 브랜드입니다.
- 이 책은 저작권법에 따라 보호받는 저작물이므로 무단전재와 무단복제를 금지하며, 이 책 내용의 전부 또는 일부를 이용하려면
  반드시 저작권자와 (주)도서출판 길벗(더퀘스트)의 서면 동의를 받아야 합니다.
- 잘못 만든 책은 구입한 서점에서 바꿔 드립니다.

**ISBN 979–11–6050–814–7 03500**
(길벗 도서번호 090132)

**정가 : 17,000원**

---

**독자의 1초까지 아껴주는 정성 길벗출판사**

**(주)도서출판 길벗** | IT실용, IT/일반 수험서, 경제경영, 더퀘스트(인문교양&비즈니스), 취미실용, 자녀교육 **www.gilbut.co.kr**
**길벗이지톡** | 어학단행본, 어학수험서 **www.gilbut.co.kr**
**길벗스쿨** | 국어학습, 수학학습, 어린이교양, 주니어 어학학습, 교과서 **www.gilbutschool.co.kr**